Friedl/Sonntag

Der Brandschutzbeauftragte

Grundwissen für den betrieblichen Brandschutz

D1725895

Der Brandschutzbeauftragte

Grundwissen für den betrieblichen Brandschutz

von

Dr.-Ing. Wolfgang J. Friedl

Beratender Ingenieur
Ingenieurbüro für Sicherheitstechnik, München

und

Dipl.-Ing. Rainer Sonntag

Brandschutzsachverständiger für Baulichen Brandschutz,
Lehrbeauftragter an der TU München
und Einsatzleiter bei der Berufsfeuerwehr München

2., überarbeitete Auflage 2009

RICHARD BOORBERG VERLAG
Stuttgart · München · Hannover · Berlin · Weimar · Dresden

Wolfgang J. Friedl, Dr.-Ing., geb. 1960, Studium der Sicherheitstechnik mit den Schwerpunkten Brandschutz und Arbeitsschutz in Nordrhein-Westfalen; Diplomarbeit bei einem Elektronikkonzern; Beratender Ingenieur, seit 1996 Ingenieurbüro für Sicherheitstechnik Dr. Wolfgang J. Friedl mit den Schwerpunkten Brand-, Einbruch-, Arbeits- und EDV-/RZ-Schutz, München; Brandschutzkonzepte für Sonderbauten; 1985 Sicherheitsingenieur in der Sicherheitsabteilung eines deutschen Automobilherstellers und 1986 bei einem großen Chemiekonzern in den USA; Beratung, Brandschutz und Regulierung von Brandschäden weltweit für international agierende Industrieversicherungen; Referent und Schulungsleiter bei Seminaren und Sicherheitskongressen der Industrie sowie bei Ausbildungsakademien und Universitäten; bekannter Autor zahlreicher Fachpublikationen der Sicherheitstechnik.

Rainer Sonntag, Dipl.-Ing., geb. 1960, Studium der Ingenieurwissenschaften an der TU Clausthal; Brandschutzsachverständiger für baulichen Brandschutz, Lehrbeauftragter für konzeptionellen Brandschutz an der TU München und Einsatzleiter bei der Berufsfeuerwehr München; vormals Industrietätigkeit im Bergbau; Mitglied Sachverständigenausschuss des Deutschen Instituts für Bautechnik (DIBt) bis 2005 und Referent für Brandschutz, u. a. im Bauzentrum München; seit 1990 Ingenieurbüro für Baulichen Brandschutz; Referent in der Aus- und Fortbildung baulicher Brandschutz; seit 1989 Brandassessor.

Bibliografische Information Der Deutschen Bibliothek

Die Deutsche Bibliothek verzeichnet diese Publikation in der Deutschen Nationalbibliografie; detaillierte bibliografische Daten sind im Internet über **http://dnb.ddb.de** abrufbar.

2., Auflage, 2009
ISBN 978-3-415-04202-5

© Richard Boorberg Verlag GmbH & Co KG, 2006
Scharrstraße 2
70563 Stuttgart
www.boorberg.de

Satz: Thomas Schäfer, www.schaefer-buchsatz.de
Druck und Verarbeitung: Druckhaus »Thomas Müntzer« GmbH, Neustädter Straße 1–4, 99947 Bad Langensalza

Inhaltsverzeichnis

1. Der Brandschutzbeauftragte

Dieses Kapitel informiert einleitend über Bedeutung, Qualifikation, Stellung und Verantwortung des Brandschutzes und des Brandschutzbeauftragten. Es werden Wünsche und Ziele, aber auch Konfliktmöglichkeiten aufgeführt, um zu zeigen, dass es zum normalen Alltag des Brandschutzbeauftragten gehört, mit Problemen konfrontiert zu werden. Fähige Brandschutzbeauftragte verfügen über Akzeptanz in der Belegschaft, können konstruktiv mit Arbeitern ebenso wie mit Betriebsräten oder der Geschäftsleitung sprechen und wissen, wo welche Vorschrift zu finden ist.

Im Unternehmen werden Brandschutzbeauftragte direkt oder indirekt gesetzlich gefordert, und zwar durch unterschiedliche Rechtsquellen: So fordert z.B. die Industriebaurichtlinie ab einer Geschossfläche von 5.000 m^2 eine für den Brandschutz zuständige Person. Aber auch in den Versammlungsstättenverordnungen finden sich Forderungen nach Personen, die für den Brandschutz verantwortlich zeichnen. Personen, die für die Einhaltung der technischen und organisatorischen Brandschutz- und Sicherheitsvorgaben zuständig sind, diese überprüfen bzw. überprüfen lassen. Ebenso fordern die Verkaufsstättenverordnungen, dass es Personen in den jeweiligen Unternehmen gibt, die auf die Einhaltung der Vorschriften für den Brandschutz achten. Einige Hochhaus-Bauverordnungen in den verschiedenen Bundesländern fordern, dass es für Hochhäuser ab z.B. 130 m Gesamthöhe eine Person geben muss, die für die Einhaltung der verschiedenen organisatorischen Vorgaben und die Prüfungen der brandschutzrelevanten Punkte zuständig ist. Die ständige Anwesenheit erfordert ein Team von mehreren Personen, um ein Gebäude rund um die Uhr brandschutztechnisch sicher zu betreuen; diese Personen haben dann üblicherweise auch andere Aufgabenbereiche zu betreuen – in Großunternehmen wird es meist eine Brandschutz- und eine Sicherheitsabteilung mit mehreren Mitarbeitern geben.

Und schließlich werden Brandschutzbeauftragte fast immer privatrechtlich von Feuerversicherungen für Industrieunternehmen als Bestandteil des Versicherungsvertrags gefordert. Die Feuerversicherungen fordern von den Unternehmen, denen sie Versicherungsschutz für Gebäude, Inhalte und Betriebsunterbrechung gewähren, dass der Brandschutz organisiert und gelebt wird. Diese wichtige Aufgabe kann natürlich nur erfüllen, wer sich im Brandschutz auskennt, eben ein Beauftragter für Brandschutz. Die vfdb-Richtlinie empfiehlt Brandschutzbeauftragte ab einer bestimmten Anzahl von Mitarbeitern, abhängig von der Brandgefährdung. Somit muss man noch nicht unbedingt einen hauptberuflichen Brandschutzbeauftragten einsetzen, wenn man die genannten Mitarbeiterzahlen erreicht bzw. überschreitet. Andererseits haben große Industrieunternehmen oft mehrere hauptberufliche Personen der Werkfeuerwehr oder der Berufsfeuerwehr angegliedert, die ausschließlich für den vorbeugenden und im Brandfall auch für den abwehrenden Brandschutz zuständig sind.

Schließlich kann man die Forderung „Brandschutzbeauftragte" noch indirekt aus dem Arbeitsschutzgesetz und dem Arbeitssicherheitsgesetz, sowie aus der Betriebssicherheitsverordnung heraus lesen. Dort werden z.b. Fachkräfte für Arbeitsschutz gefordert, die sich um die Arbeitsplätze bzw. die Mitarbeiter betreffenden Gefahren – also auch um die Brandgefahren – kümmern müssen. Deshalb ist der Brandschutzbeauftragte oft in der Abteilung für Arbeitsschutz angesiedelt. Oder es werden Gefährdungsanalysen gefordert, die auf die Gefahren – also auch die Brandgefahren – an den jeweiligen Arbeitsplätzen eingehen. Und letztlich fordert noch die Betriebssicherheitsverordnung, dass ein Explosionsschutzdokument zu erstellen ist.

1.1 Bedeutung und Stellung des Brandschutzbeauftragten im Unternehmen

Der Brandschutzbeauftragte sollte direkt der Geschäftsleitung unterstellt sein, um Interessenskonflikte mit Abteilungsverantwortlichen zu vermeiden; er ist in einer Stabsstelle und muss versuchen, aufgrund seines Fachwissens und seiner Persönlichkeit möglichst viel Akzeptanz in der gesamten Belegschaft zu finden. Dazu gehören neben dem Grundwissen über Brandschutz auch rhetorische Fähigkeiten, Überzeugungskraft und der Wille, sich mit Menschen auseinander zu setzen. Dies bedingt, dass der Brandschutzbeauftragte über Anerkennung in der Belegschaft verfügt oder sich diese verdient. Um seine Aufgaben erfüllen zu können, benötigt der Brandschutzbeauftragte, vor allem in größeren Unternehmen Mitarbeiter, die ihm zuarbeiten. Personen, die ihm Informationen geben, Schäden und Mängel melden und um deren Abstellung sich dann der Brandschutzbeauftragte kümmert.

Brandschutzbeauftragte werden schriftlich für ihre Aufgabe bestellt. In diesem Bestellungsdokument stehen Aufgaben, Rechte und Pflichten des Brandschutzbeauftragten. Der Betriebsrat ist vorab über diese Berufung zu informieren. Der Brandschutzbeauftragte muss eine Person sein, die gern mit Menschen zu tun hat. Eine Person, die konstruktiv Probleme lösen kann, ohne emotional zu werden und die Freude an dieser Ausgabe hat. Der Brandschutzbeauftragte muss Kontakte zur Fachkraft für Arbeitssicherheit haben und halten, im Idealfall ist es sogar dieselbe Person oder zumindest dieselbe Abteilung. Er bekommt Kompetenzen und Arbeitszeit, um seine zusätzliche Arbeit erfüllen zu können – im Gegenzug entfallen einige der bisherigen Arbeiten. Dazu braucht der Brandschutzbeauftragte ein Büro, zumindest einen Schreibtisch; er benötigt neben der Grundausbildung im Brandschutz die Chance der Fort- und Weiterbildung.

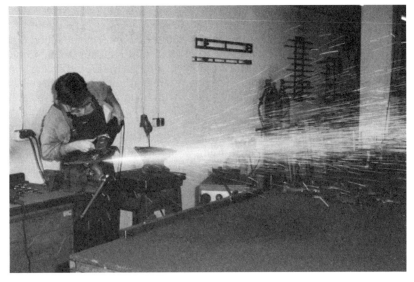

Bei feuergefährlichen Arbeiten benötigen alle Handwerker (auch eigene) einen Erlaubnisschein, sobald diese Arbeiten außerhalb dafür vorgesehener Arbeitsplätzen durchgeführt werden.

Um keine disziplinarischen Probleme aufgrund der Diskrepanz zwischen Arbeitsvolumen bzw. Sollerfüllung und Einhaltung sicherheitsrelevanter Vorschriften bzw. dem Stilllegen von mangelbehafteten Einrichtungen entstehen zu lassen wird dringend empfohlen, den Brandschutzbeauftragten in Analogie zum Betriebsarzt und zur Fachkraft für Arbeitssicherheit der Geschäftsleitung direkt zu unterstellen – und nicht einem Abteilungsleiter, der mit den Ausarbeitungen und Vorstellungen des Brandschutzbeauftragten ggf. Konflikte und Probleme sieht. Hintergrund hierzu ist die Tatsache, dass die Bereichs- und Abteilungsleiter weiterhin die volle Verantwortung und damit auch disziplinarische Gewalt über die Mitarbeiter haben und der Brandschutzbeauftragte ja ausschließlich beratend tätig ist und grundlegend nicht weisungsbefugt gegenüber Mitarbeitern ist. In dieser juristisch und betriebswirtschaftlich begründeten Tatsache liegt der Vorteil für den Brandschutzbeauftragten, bei Problemen (Brände, Unfälle oder Strafen aufgrund des Nichteinhaltens von Vorschriften) nicht in der direkten Verantwortung zu stehen.

1.2 Seine Aufgaben

Der Brandschutzbeauftragte nimmt an vielen und unterschiedlichen Sitzungen teil, berät das Unternehmen bei Neu- und Umbauplänen, schult Mitarbeiter, arbeitet Betriebsanweisungen aus, weist Fremdfirmen ein und führt Begehungen durch. Er kann sich seine Arbeit weitgehend selber einteilen und ist dazu auch in der Lage. Brandschutzbeauftragte müssen Wertigkeiten erkennen, Prioritäten setzen und verhandeln können. So muss ein Brandschutzbeauftragter selber entscheiden können, welche Unternehmensbereiche er wie oft und wie intensiv begeht. Grundlegend wird eine Begehung in der Verwaltung weniger häufig stattfinden müssen als in der Produktion, in einem Lager weniger oft als in einem Forschungs- und Prüfbereich, in öffentlich zugänglichen Bereichen häufiger als in Technikräumen, usw.

Brandschutzbeauftragte müssen Mitarbeiter brandschutztechnisch informieren und sensibilisieren, zur Eigenverantwortlichkeit erziehen. Sie sind dafür da, die eigentlichen Brandschutz-Verantwortlichen (also die Vorgesetzten) zu unterstützen, zu informieren und in deren Auftrag auch Unterweisungen und Schulungen durchzuführen. Es ist eine wichtige und interessante Aufgabe, die Mitarbeiter über das korrekte brandschutzgerechte Verhalten im Unternehmen an den verschiedenen Arbeitsplätzen zu schulen.

Die Brandschutzbeauftragten erstellen eine neue bzw. überarbeiten die bestehende Brandschutzordnung (Teile B und C) und halten diese aktuell. Gleiches gilt für den Alarmplan. In beiden schriftlichen Unterlagen sind die Namen und Telefonnummern, die Bezeichnungen für Abteilungen usw. ständig auf dem aktuellen Stand zu halten.

Wenn ein Unternehmen über einen Feuerwehrplan verfügen muss, so sollte es beim Brandschutzbeauftragten angesiedelt sein, dass dieser solche Pläne entweder in Absprache mit der Feuerwehr selber erstellt, oder aber – ebenfalls in Absprache mit der Feuerwehr – von einer darauf spezialisierten Fachfirma erstellen lässt.

Brand- und Rauchschutztüren dürfen nie, auch nicht kurzfristig, aufgekeilt werden.

So ist der Brandschutzbeauftragte immer der erste Ansprechpartner im Unternehmen, wenn die Feuerwehr oder die sonst für den Brandschutz zuständige Person (Kreisbrandrat, Kreisbrandinspektor) eine Begehung durchführt oder wenn dies ein Ingenieur der Feuerversicherung vorhat. Natürlich sind bei solchen Begehungen auch kaufmännische Führungskräfte als Ansprechperson und zur Begleitung dabei, aber als fachlicher Ansprechpartner ist der Brandschutzbeauftragte optimal. Es mag auch sein, dass es mal von den Gewerbeaufsichtsämtern Fragen in Richtung Brandschutz gibt, die natürlich am besten mit dem Brandschutzbeauftragten geklärt werden können.

Alle drei Monate findet in vielen Unternehmen die Arbeitsschutz-Ausschuss-Sitzung statt, kurz ASA genannt. Auch hier ist der Brandschutzbeauftragte ab jetzt dabei – entweder die ganze Zeit, oder man zieht die brandschutzrelevanten Themen vor und behandelt sie eingangs.

Wenn die Mitarbeiter sich brandschutztechnisch entsprechend richtig verhalten, basierend auf eine gute Unterweisung, dann ist der Brandschutz im Unternehmen optimal. Diese Unterweisung kann wohl niemand der eigenen Mitarbeiter so gut vornehmen wie der eigene Brandschutzbeauftragte, oder ein außerbetrieblicher Brandschutzingenieur. Da es in Unternehmen auch sog. Stockwerksbeauftragte, Ersthelfer, Mitglieder von Freiwilligen Feuerwehren und Helfer nach der Brandschutzordnung Teil C gibt, sollten diese Personen den Brandschutzbeauftragten unterstützen, ihm zuarbeiten. Im Gegenzug unterweist der Brandschutzbeauftragte diesen Kreis z.B. zweimal im Jahr und erklärt, auf was zu achten und wie zu reagieren ist. So melden diese Personen dem Brandschutzbeauftragten, wenn Fluchtwege versperrt oder verstellt sind, wenn Feuerlöscher fehlen oder aktiviert wurden, wenn Stromkabel oder Elektrogeräte fehlerhaft oder gefährlich sind und andere brandkritische Situationen; der Brandschutzbeauftragte indes kümmert sich dann baldmöglichst um die Abstellung der Schwachstellen oder lässt diese von den Abteilungsverantwortlichen vornehmen.

1.3 Qualifikation und Ausbildung für Brandschutzbeauftragte

Grundlegend benötigt ein Brandschutzbeauftragter keine besondere Qualifikation, Bildung oder Ausbildung. Allerdings gibt es Institutionen, die eine Mindestausbildung fordern und diese basiert meist auf den Vorgaben der Vereinigung zur Förderung des Deutschen Brandschutzes e.V., abgekürzt vfdb e.V.

Es ist nicht nötig, dass der Brandschutzbeauftragte über eine bestimmte Berufsausbildung verfügt, aber es ist positiv, wenn er eine hat. Sekundär indes ist es, ob diese Ausbildung technisch oder kaufmännisch ist. Ein Schreinergeselle ist ebenso wie ein diplomierter Kaufmann, ein Koch ebenso wie ein Schmied mit Meisterbrief grundsätzlich geeignet. Wesentlich wichtiger als der erlernte Beruf ist der Wille, sich mit der Materie Brandschutz auseinanderzusetzen und sich in dieses komplexe Thema einzuarbeiten. Natürlich ist ein Mitarbeiter dann besonders qualifiziert, wenn er bereits eine feuerwehrtechnische Ausbildung erfolgreich absolviert oder ein entsprechendes Studium abgeschlossen hat.

Eine weitere Grundvoraussetzung ist die breite Akzeptanz in der Belegschaft. Unbeliebte Mitarbeiter oder solche, die wenig Leistung bringen, sind nicht geeignet, um die eigenverantwortliche und selbständige Tätigkeit des Brandschutzbeauftragten auszuführen. Die Fachkraft für Arbeitssicherheit indes ist grundlegend besonders prädestiniert, ebenso wie ein Mitarbeiter der Werk- oder Betriebsfeuerwehr.

Die vfdb-Richtlinie schlägt unverbindlich eine Ausbildung vor, die in 64 Unterrichtseinheiten à 45 min. umgesetzt wird. Die Inhalte sind:

– Rechtliche Grundlagen (5 – 10%)

– Brandlehre (5 – 10%)

– Brand- und Explosionsgefahren, Brandrisiken (10 – 20%)

– Baulicher Brandschutz (10 – 20%)

– (Anlagen)technischer Brandschutz (15 – 20%)

– Handbetätigte Geräte zur Brandbekämpfung (5 – 10%)

– Organisatorischer Brandschutz (10 – 20%)

– Zusammenarbeit mit Behörden bzw. der Feuerwehr und Versicherungen (5 – 10%)

– Abschlussprüfung mündlich und schriftlich (5 – 10%)

Die Summe beträgt insgesamt 64 Unterrichtseinheiten à 45 min., d.h. 5% entsprechen ca. 3 Stunden, 10% entsprechen ca. 6 Stunden, 15% entsprechen ca. 10 Stunden und 20% entsprechen ca. 13 Stunden. Der Veranstalter hat demnach einen bestimmten Spielraum, innerhalb dessen er sich bewegen kann. Es wird empfohlen, zur mündlichen und schriftlichen Prüfung noch eine Übung oder eine Gruppenarbeit zu halten, die aber nicht unbedingt benotet werden muss. Vielmehr ist es wichtig, dass die Teilnehmer lernen, sich in ein brandschutzrelevantes Thema einzuarbeiten und dieses auch selbstständig erfassen und erarbeiten können. Die mündliche

13

Prüfung kann auch zweigeteilt werden, d.h. eine Befragung, z.b. in einer Gruppe von 2 – 4 Teilnehmern und der zweite Teil besteht darin, dass jeder über ein vorher ausgesuchtes Thema referiert, in dem er sich vorbereitet hat.

1.4 Die Verantwortung für Sicherheit und Brandschutz in Unternehmen

Grundsätzlich trägt jeder Mensch die Verantwortung für sein Tun und auch für das, was er nicht tut (etwa unterlassene Hilfeleistung). Dies gilt beim Arbeiten im Unternehmen ebenso wie bei allen Freizeit-Aktivitäten. Die berufsgenossenschaftlichen Vorgaben, autonome Rechtsnormen und damit Gesetzen gleichgesetzt fordern, dass jeder Mitarbeiter Mängel und gefährliche Situationen, die er erkannt hat abstellt oder, so dies nicht möglich ist, weiter meldet. Insofern trägt jeder Verantwortung mit sich, weitgehend unabhängig wo er sich gerade befindet. Wenn ein Mensch einen anderen fahrlässig gefährdet oder verletzt, so ist er dafür verantwortlich – unabhängig, ob in der Firma, im Straßenverkehr oder beim Sport in der Freizeit.

Die Bezeichnung Brandschutzbeauftrager zeigt, dass diese Person mit etwas beauftragt ist – es heißt nicht Brandschutzverantwortlicher, sondern eben Brandschutzbeauftrager. Unternehmer können und müssen Aufgaben delegieren, aber Verantwortung lässt sich nicht delegieren, die bleibt beim Unternehmer und seinen Repräsentanten. Hier muss man viele Personen auf einen weit verbreiteten Irrglauben hinweisen: Der Vorarbeiter, der Abteilungsleiter, der Bereichsleiter – all diese Personen haben an Stelle des Unternehmers vor Ort die Verantwortung. Im Extremfall sieht es so aus, dass ein Unternehmen zwei Arbeiter als Trupp losschickt, bestimmte Arbeiten anderswo durchzuführen; einer von den beiden hat das Sagen und damit die Verantwortung. Je nach dem, was passiert wird ganz exakt anschließend geprüft, ob der Unternehmer seiner Unterweisungspflicht nicht nachgekommen ist, ob der Vorarbeiter einen Fehler gemacht oder einen Verstoß geduldet hat oder ob eben keiner eine juristische Schuld trägt.

Dem Brandschutzbeauftragten muss auffallen, dass diese nachträglich und ohne Baugenehmigung montierte Treppe wesentlich zu steil ist und damit ein Sicherheitsrisiko darstellt.

Ebenfalls mit einer weiteren, weit verbreiteten Fehlmeinung muss hier aufgeräumt werden: Die Vorgesetzten tragen für den Brandschutz und die Arbeitssicherheit die Verantwortung, nicht der Brandschutzbeauftragte oder die Fachkraft für Arbeitssicherheit. Viele meinen nämlich, weil es jetzt diese beiden Personen bzw. Institutionen im Unternehmen gibt, müssen sie sich ab jetzt um nichts mehr kümmern, dafür wären ja diese beiden Beauftragten zuständig – und das ist falsch. Der Vorgesetzte muss sich weiter verantwortlich um die Sicherheit kümmern und lässt sich hierbei von den Fachkräften beraten. Diese können Unterweisungen und Schulungen halten, regelmäßige Begehungen mit anschließenden Mängellisten durchführen und prüfpflichtige Einrichtungen überwachen lassen.

Feuerwehrzufahrten sind frei zu halten; dies gilt für Fahrzeuge ebenso wie für abgeschnittene Äste oder das Beseitigen von Schnee- und Eisglätte.

Der für die Sicherheit verantwortliche Vorgesetzte kann der Vorarbeiter, der Werkstattmeister oder der Lagerchef sein, es ist nur in seltenen Fällen ein höherer Vorgesetzter (z.B. bei grundlegenden Verstößen).

Brandschutzbeauftragte mit Ausbildung wissen natürlich wesentlich mehr über Brandschutz als andere Mitarbeiter; sie sind sensibilisiert, informiert und können professionell Brandschutzkonzepte erstellen, technische Angebote und Alternativen prüfen und beim baulichen Brandschutz ebenso mitsprechen wie beim organisatorischen Brandschutz.

Gebäudeumfahrten für die Feuerwehr, wie bei diesem Hochhaus, müssen erstens befahrbar gehalten werden und zweitens so markiert sein, dass man erkennen kann, wo die Fahrstrecke entlang geht.

Ausgebrannte Kleinküche, nachdem Handtücher auf die heißen Herdplatten gelegt wurden; fast der gesamte Verwaltungsbereich des Unternehmens wurde durch den Rauch beschädigt.

2. Rechtliche Grundlagen

Es gibt in Deutschland kein einzelnes, heraus gelöstes Gesetz BRAND-SCHUTZ, in dem die gesamten Vorgaben zum Brandschutz zusammengefasst sind, sondern es gibt gesetzliche Vorgaben aus völlig unterschiedlichen Richtungen. So gibt es beispielsweise die Gewerbeaufsichtsämter und Berufsgenossenschaften bzw. Gemeindeunfallversicherer; diese beiden Institutionen ergänzen sich im so genannten Dualismus des Arbeitsschutzes, von dem der betriebliche Brandschutz ein Teil ist. Daneben gibt es Bauvorschriften für die unterschiedlichen Arten von Gebäuden, die sehr viel in Richtung Brandschutz fordern. Und es gibt viele arbeitsschutzrechtliche Vorgaben, die sozusagen nebenbei auch den Brandschutz teilweise mit abdecken. Die Vorgaben der Berufsgenossenschaften, weit über 100, betreffen primär den Arbeitsschutz, doch sie gehen auch sehr konkret auf den Brand- und Explosionsschutz in Unternehmen ein. Daneben gibt es noch das Landesrecht, d.h. Verordnungen, die in den einzelnen Bundesländern auf brandschutzrelevante Themen eingehen. Und letztlich gibt es die Feuerversicherungen, die von privatrechtlicher Seite weitere, zusätzliche Anforderungen an den Brandschutz haben.

Konkret kann ein Brandschutzbeauftragter für Sonderbauten gefordert werden, wie die nachfolgende Auflistung zeigt:

– Industriebaurichtlinie bei einer Geschossfläche größer als 5.000 m^2;

– eventuell die Versammlungsstättenverordnung (Landesrecht);

– die Verkaufsstättenverordnung, ebenfalls Landesrecht, fordert eine namentlich der Gewerbeaufsicht bekannte Person, die sich um die Einhaltung der brandschutztechnischen Belange in Verkaufsstätten ab 2.000 m^2 kümmert;

– evtl. die Hochhausrichtlinie, je nachdem, wie hoch das Gebäude ist und in welchem Bundesland das Hochhaus liegt;

– privatrechtlich wird eine für den Brandschutz zuständige Person oft von den industriellen Feuerversicherungen und Feuer-Betriebsunterbrechungsversicherungen gefordert;

– indirekt kann man aus den Gesetzen Arbeitsschutzgesetz, Arbeitssicherheitsgesetz und der Betriebssicherheitsverordnung (ArbSchG, ASiG, BetrSichV) herauslesen, dass es Gefährdungsanalysen gegen alle anstehenden Gefahren geben muss (also auch gegen Brand) sowie Personen, die sich um die Sicherheit der Mitarbeiter im Unternehmen konstruktiv kümmern müssen;

– die Berufsgenossenschaften achten bei Begehungen auch auf den betrieblichen Brandschutz und können Strafen auflegen, wenn es hier zu Verstößen kommt – insofern fordern auch die Berufsgenossenschaften eine für den Brandschutz zuständige Person, die einen Ist-Soll-Abgleich der betrieblichen Gegebenheiten mit den gesetzlichen Anforderungen vornimmt.

Grundsätzlich aber gilt, dass der Unternehmer, respektive seine Stellvertreter und die nachfolgenden Hierarchieebenen verantwortlich für den Brandschutz sind. Davon unberührt gilt, dass jeder strafmündige Mensch für sein Tun und Unterlassen bestraft werden kann – unabhängig ob am Arbeitsplatz, zu Hause, beim Sport, in öffentlichen Gebäuden oder im Urlaub.

Brandschutzbeauftragte müssen über viele und unterschiedliche Gesetze, Bestimmungen, Vorschriften oder technische Regeln Bescheid wissen. Sie müssen Kontakte zu Institutionen haben, herstellen und halten und bei brandschutzrelevanten Fragen Antworten wissen oder zumindest wissen, wo man Antworten finden kann.

2.1 Umgang mit und Erläuterungen zu Vorgaben, Vorschriften, Gesetzen, Bestimmungen, Regelwerken, Normen und Richtlinien

Die Vorgaben der Berufsgenossenschaft bzw. vom Gemeindeunfallversicherer sind zu kennen und einzuhalten; man kann bei Verstößen ohne Unfälle/Brände bereits bestraft werden; nach entsprechenden Schäden können die Strafen erheblich höher sein. Es ist zudem eine Holschuld von den Unternehmen, sich über Vorschriften zu informieren, die sie einhalten müssen – es ist eben keine Bringschuld von der Berufsgenossenschaft, dem Staat, der Gewerbeaufsicht oder den Versicherungen, die jeweiligen Vorschriften vorzustellen, zu bringen: „Unwissenheit schützt vor Strafe nicht".

Die Unternehmen müssen sich also mit den Inhalten der Gesetze auseinandersetzen, sie lesen und die Inhalte umsetzen. Dazu gehören das Arbeitsschutzgesetz, die Betriebssicherheitsverordnung, Technische Regeln (z.B. für Gase und brennbare Flüssigkeiten), die BG-Vorgaben, die Versicherungsvorgaben und noch viele Vorgaben mehr.

Das Strafgesetzbuch sagt im § 319 Baugefährdung folgendes: „Wer bei der Planung, Leitung oder Ausführung eines Baus oder dessen Abbruch gegen die allgemein anerkannten Regeln der Technik verstößt und dadurch Leib oder Leben eines anderen Menschen gefährdet, wird mit Freiheitsstrafe bis zu fünf Jahren oder mit Geldstrafe bestraft."

Hier wird also nicht konkret die eine oder andere Maßnahme gefordert, sondern ganz allgemein wird erwartet, dass die Vorgesetzten fachlich und sicherheitstechnisch informiert sind und dieses Wissen auch vor Ort umsetzen.

Brandstiftung gilt als eines der wenigen Kapitalverbrechen: Brandstiftung wird im § 306 StGB geahndet: Wer fremde Sachen in Brand setzt, wird mit Freiheitsstrafe von ein bis zehn Jahren bestraft. Wird leichtfertig der Tod eines Menschen verursacht, so ist die Strafe zehn Jahre bis lebenslänglich. Bereits das achtlose Wegwerfen von Zigaretten ist hoch kriminell: Wer durch Rauchen, offenes Feuer oder Licht oder durch Wegwerfen von glühenden/glimmenden Gegenständen Betriebe oder die Natur in Brandgefahr bringt, wird mit Freiheitsstrafen bis zu drei Jahren oder mit Geldstrafe bestraft. § 308 StGB befasst sich mit Sprengstoffanschlägen: Wer eine Explosion herbeiführt und leichtfertig den Tod eines Menschen riskiert, wird mit zehn Jahren bis lebenslänglich bestraft.

§ 145 StGB sagt Folgendes aus:

(1) Wer absichtlich oder wissentlich

    1. Notrufe oder Notzeichen missbraucht oder

    2. vortäuscht, dass wegen eines Unglückfalls oder wegen gemeiner Gefahr oder Not die Hilfe anderer erforderlich sei,

wird mit Freiheitsstrafe bis zu einem Jahr oder mit Geldstrafe bestraft.

(2) Wer absichtlich oder wissentlich

    1. die zur Verhütung von Unglücksfällen oder gemeiner Gefahr dienenden Warn- oder Verbotszeichen beseitigt, unkenntlich macht oder in ihrem Sinn entstellt oder

    2. die zur Verhütung von Unglücksfällen oder gemeiner Gefahr dienenden Schutzvorrichtungen oder die zur Hilfeleistung bei Unglücksfällen oder gemeiner Gefahr bestimmten Rettungsgeräte oder andere Sachen beseitigt, verändert oder unbrauchbar macht,

wird mit Freiheitsstrafe bis zu zwei Jahren oder mit Geldstrafe bestraft.

Dieser Paragraf bestraft Personen, die beispielsweise sicherheitsrelevante Hinweisschilder entfernen, überkleben oder verändern, die Handfeuerlöscher oder Erste-Hilfe-Ausrüstungen stehlen oder die trockenen Steigleitungen verstopfen. Ebenfalls wird nach § 145 StGB bestraft, wer Brandschutztüren verbotenerweise aufkeilt oder anderswie funktionsuntüchtig gemacht hat.

Man muss also viele Bestimmungen kennen, einhalten und umsetzen: Mitarbeiter sind entsprechend auszuwählen, zu informieren und auch zu kontrollieren. Vieles ist zu dokumentieren.

Die wesentlichen Inhalte der relevanten brandschutztechnischen Gesetze, Bestimmungen und Vorschriften sind in den nachfolgenden Unterkapiteln zusammengefasst. Dies ist jedoch nur eine einführende Information, dieses Buch kann das Besorgen weiterer Informationen über brandschutzrelevante Vorgaben nicht ersetzen.

2.2 Arbeitsstättenverordnung

Die Arbeitsstättenverordnung (ArbStättV) von 1976 wurde 2004 überarbeitet und in einigen Punkten verändert. Sie beschäftigt sich grundlegend mit allen Arten von Arbeitsstätten und geht primär auf den Arbeitsschutz, aber in Details auch auf den Brandschutz in Unternehmen ein. Es geht sowohl um die Arbeitsplätze bzw. deren räumliche und klimatische Umgebungen, als auch alle sonstigen Räumlichkeiten, die direkt oder indirekt zu Arbeitsplätzen gehören. Abgehandelt werden neben allgemeinen Vorschriften Verkehrswege, Einrichtungen, Anforderungen an bestimmte Räume, Arbeitsplätze im Freien und Baustellen, aber auch Verkaufsstände im Freien, Wasserfahrzeuge und der Betrieb von Arbeitsstätten. Im nachfolgenden findet sich ein zum Teil gekürzter und teilweise sinngemäß zusammengefasster Auszug aus der ArbStättV; es werden die Paragraphen vorgestellt, die für die Mehrheit der Unternehmen in Deutschland von direktem oder indirektem brandschutztechnischen Interesse sein dürften:

– Für die Räume müssen je nach Brandgefährlichkeit der in den Räumen vorhandenen Betriebseinrichtungen und Arbeitsstoffe die zum Löschen möglicher Entstehungsbrände erforderlichen Feuerlöscheinrichtungen vorhanden sein. Die Feuerlöscheinrichtungen müssen, sofern sie nicht selbsttätig wirken, gekennzeichnet, leicht zugänglich und leicht zu handhaben sein. Selbsttätige ortsfeste Feuerlöscheinrichtungen, bei deren Einsatz Gefahren für die Arbeitnehmer auftreten können, müssen mit selbsttätig wirkenden Warneinrichtungen ausgerüstet sein.

- In Arbeitsräumen müssen Abfallbehälter zur Verfügung stehen. Die Behälter müssen verschließbar sein, wenn die Abfälle leicht entzündlich, unangenehm riechen oder unhygienisch sind. Bei leicht entzündlichen Abfällen müssen die Behälter aus nicht brennbarem Material bestehen.

- Verkehrswege müssen freigehalten werden, damit sie jederzeit benutzt werden können.

- Insbesondere dürfen Türen im Verlauf von Rettungswegen oder andere Rettungsöffnungen nicht verschlossen, versperrt oder in ihrer Erkennbarkeit beeinträchtigt werden, solange sich Arbeitnehmer in der Arbeitsstätte befinden.

- An Arbeitsplätzen dürfen Gegenstände und Arbeitsstoffe nur in solcher Menge aufbewahrt werden, dass die Arbeitnehmer nicht gefährdet werden. Gefährliche Arbeitsstoffe dürfen nur in solcher Menge am Arbeitsplatz vorhanden sein, wie es der Fortgang der Arbeit erfordert.

- Der Arbeitgeber hat die Arbeitsstätte instandzuhalten und dafür zu sorgen, dass festgestellte Mängel möglichst umgehend beseitigt werden; ist dies nicht möglich, so ist die Arbeit einzustellen.

- Sicherheitseinrichtungen zur Verhütung oder Beseitigung von Gefahren (Sicherheitsbeleuchtung, Feuerlöscheinrichtungen, Absauganlagen, Signalanlagen, Notaggregate, Notschalter, lüftungstechnische Anlagen usw.) müssen regelmäßig gewartet werden. Mittel und Einrichtungen zur Ersten Hilfe müssen regelmäßig auf ihre Vollständigkeit und Verwendungsfähigkeit überprüft werden.

- Der Arbeitgeber hat für die Arbeitsstätte einen Flucht- und Rettungsplan aufzustellen, wenn Lage, Ausdehnung und Art der Nutzung der Arbeitsstätte dies erfordern. Der Flucht- und Rettungsplan ist an geeigneter Stelle in der Arbeitsstätte auszulegen oder auszuhängen. In angemessenen Zeitabständen ist entsprechend dem Plan zu üben, wie sich die Arbeitnehmer im Gefahr- oder Katastrophenfall in Sicherheit bringen oder gerettet werden können.

Fehler hier: Offene Elektroverteilung im Flur (muss rauchdicht und feuer-
hemmend abgeschottet sein), offene Leitungen unter der Decke, Handfeu-
erlöscher zu hoch (und falsches Löschmittel: Für Büros ist Wasser und nicht
Pulver geeignet) und – seit über 10 Jahren verboten – ein Schlüsselkasten
zum Öffnen der Fluchttür.

Verboten, aber oftmals anzutreffen: Treppenhäuser sind nicht frei von Brandlast gehalten, dort werden leichtentflammbare Gegenstände gelagert; diese können, z. B. durch eine achtlos weggeworfene Zigarette, entzündet werden und würden wie hier mehrere 1.000 m³ an tödlichen Rauchgasen erzeugen.

Die Arbeitsstättenverordnung beinhaltet neben arbeitsschutzrelevanten Themen auch viele brandschutzrelevante Themen und diese Verordnung gilt für alle Unternehmen in Deutschland. Die Fachkraft für Arbeitsschutz hat sich um die Einhaltung ebenso zu kümmern wie der Brandschutzbeauftragte.

2.3 Arbeitssicherheitsgesetz

Der Arbeitnehmer hat die Pflicht, für einen wirksamen Brand- und Arbeitsschutz zu sorgen. Vor allem in größeren Betrieben kann der Arbeitgeber die Wahrnehmung seiner Pflichten auf andere Personen aus dem Unternehmen übertragen. Diese müssen dann die Pflichten gegenüber den Beschäftigten an seiner Stelle erfüllen. Der Arbeitgeber hat dazu zuverlässige und fachkundige Personen damit zu beauftragen, die ihm nach dem Arbeitssicherheitsgesetz obliegenden Pflichten in eigener Regie zu erfüllen. Insofern trifft ihn eine Auswahlpflicht beim Einsatz von Fachkräften in diesen Stabsstellen (Brandschutzbeauftragter, Arbeitsmediziner, Sicherheitsingenieur). Die Beauftragung der Führungskräfte hat in geeigneter Form und schriftlich zu erfolgen. Es soll nicht nur klargestellt werden, welche Sachaufgaben in die fachliche Verantwortung des Vorgesetzten gestellt werden, sondern auch welche Pflichten im Arbeitsschutz der jeweilige direkte Vorgesetzte an Stelle des Arbeitgebers gegenüber den ihm unterstellten Mitarbeitern hat und welche Entscheidungsbefugnisse und Weisungsrechte ihm dafür zur Verfügung stehen. Auch nach der Übertragung von Arbeitsschutzaufgaben bleibt der Arbeitgeber zur Überwachung der beauftragten Personen verpflichtet. Er hat ständig die Effektivität seiner Arbeitsschutzorganisation im Betrieb insgesamt im Auge zu behalten.

Das Gesetz über Betriebsärzte, Sicherheitsingenieure und andere Fachkräfte für Arbeitssicherheit, kurz Arbeitssicherheitsgesetz (ASiG) genannt, vom Dezember 1973 konnte bereits kurz nach der Inkraftsetzung aufgrund seiner organisatorischen Forderungen eine Reduzierung der Unfallzahlen vorweisen. Vier wichtige Inhalte des Arbeitssicherheitsgesetzes sind Aufgaben und Pflichten der Betriebsärzte, Aufgaben und Pflichten der Fachkräfte für Arbeitssicherheit, die Zusammenarbeit mit dem Betriebsrat sowie die Mitarbeit im Arbeitsschutz-Ausschuss.

2.4 Arbeitsschutzgesetz

Das Arbeitsschutzgesetz dient der Sicherung und Verbesserung des Gesundheitsschutzes in Unternehmen. Es finden sich im Arbeitsschutzgesetz Aufgaben und Pflichten des Arbeitgebers ebenso wie solche der Arbeitnehmer; zudem werden hier, wie auch in der weiter unten diskutierten Betriebssicherheitsverordnung, Gefährdungsbeurteilungen gefordert. Im § 3 des Arbeitsschutzgesetzes werden die Grundpflichten des Arbeitgebers allgemein angesprochen, die eine Organisation seiner (komplexen) Sicherheitsarbeit erforderlich machen:

Der Arbeitgeber ist verpflichtet, die erforderlichen Maßnahmen des Arbeitsschutzes unter Berücksichtigung der Umstände zu treffen, die Sicherheit und Gesundheit der Beschäftigten bei der Arbeit beeinflussen. Er hat die Maßnahmen auf ihre Wirksamkeit zu überprüfen und erforderlichenfalls sich ändernden Gegebenheiten anzupassen. Dabei hat er eine Verbesserung von Sicherheit und Gesundheitsschutz der Beschäftigten anzustreben. Zur Planung und Durchführung der Maßnahmen hat der Arbeitgeber unter Berücksichtigung der Art der Tätigkeiten und der Zahl der Beschäftigten für eine geeignete Organisation zu sorgen und die erforderlichen Mittel bereitzustellen sowie Vorkehrungen zu treffen, dass die Maßnahmen erforderlichenfalls bei allen Tätigkeiten und eingebunden in die betrieblichen Führungsstrukturen beachtet werden und die Beschäftigten ihren Mitwirkungspflichten nachkommen können.

Die Beschäftigten müssen nach den §§ 15 – 17 ArbSchG aktiv an allen betrieblichen Arbeitsschutzmaßnahmen mitwirken. Sie haben Vorschriften einzuhalten, Geräte und Schutzeinrichtungen ordnungsgemäß zu bedienen und zu verwenden sowie Weisungen ihrer Vorgesetzten zu befolgen. Außerdem müssen sie im Rahmen ihrer Möglichkeiten für ihre eigene Sicherheit und Gesundheit und auch für die Sicherheit anderer Personen sorgen, sofern diese von ihrer Tätigkeit betroffen sind. Die Beschäftigten müssen darüber hinaus den Verantwortlichen im Betrieb das Auftreten von unmittelbaren erheblichen Gefahren oder von Defekten an Geräten oder Schutzsystemen möglichst umgehend melden. Die Beschäftigten haben den Arbeitgeber bei der Durchführung der Arbeitsschutzmaßnahmen zu unterstützen. Dazu gehört auch die Zusammenarbeit mit Sicherheitsfachkräften und Betriebsärzten. Diesen Verpflichtungen stehen auch Rechte der Beschäftigten gegenüber. So können sie jederzeit Vorschläge zum Arbeitsschutz unterbreiten. Bei erheblichen Gefahren dürfen sie sich vom Arbeitsplatz entfernen. Schließlich steht ihnen ein Beschwerderecht gegenüber dem Arbeitgeber bei mangelnden Arbeitsschutzmaßnahmen zu und falls der Arbeitgeber auf solche Beschwerden nicht oder nicht ausreichend reagiert, können sich die Beschäftigten auch an die Aufsichtsbehörden wenden.

§ 4 des Arbeitsschutzgesetzes gibt den Fachkräften für Arbeitssicherheit ein Schema für die Gefahrenanalyse an die Hand. Danach muss der Arbeitgeber bei Maßnahmen des Arbeitsschutzes von folgenden allgemeinen Grundsätzen ausgehen:

1. Die Arbeit ist so zu gestalten, dass eine Gefährdung für Leben und Gesundheit möglichst vermieden und die verbleibende Gefährdung möglichst gering gehalten wird.

2. Gefahren sind an ihrer Quelle zu bekämpfen.

3. Bei den Maßnahmen sind der Stand von Technik, Arbeitsmedizin und Hygiene sowie sonstige gesicherte arbeitswissenschaftliche Erkenntnisse zu berücksichtigen.

4. Maßnahmen sind mit dem Ziel zu planen, Technik, Arbeitsorganisation, sonstige Arbeitsbedingungen, soziale Beziehungen und Einfluss der Umwelt auf den Arbeitsplatz sachgerecht zu verknüpfen.

5. Individuelle Schutzmaßnahmen sind nachrangig zu anderen Maßnahmen.

6. Spezielle Gefahren für besonders schutzbedürftige Beschäftigtengruppen sind zu berücksichtigen.

7. Den Beschäftigten sind geeignete Anweisungen zu erteilen.

8. Mittelbar oder unmittelbar geschlechtsspezifisch wirkende Regelungen sind nur zulässig, wenn dies aus biologischen Gründen zwingend geboten ist.

Primär muss sich die Fachkraft für Arbeitsschutz um das Arbeitsschutzgesetz kümmern, der Brandschutzbeauftragte muss diese Vorschrift und ihre Inhalte jedoch auch kennen.

2.5 Betriebssicherheitsverordnung

Die Betriebssicherheitsverordnung verfolgt das Ziel, mehrere EU-Richtlinien in ein einheitliches betriebliches Anlagensicherheitsrecht umzusetzen sowie die überwachungsbedürftigen Anlagen neu zu ordnen, bei klarer Trennung von Beschaffenheit und Betrieb. Dabei soll auch eine Neuordnung des Verhältnisses zwischen staatlichem Arbeitsmittelrecht und berufsgenossenschaftlichen Unfallverhütungsvorschriften erfolgen, um bestehende Doppelregelungen zu beseitigen.

Auch soll durch die Verordnung eine moderne Organisationsform des Arbeitsschutzes eingeführt werden. Dabei soll durch Aufhebung und Änderung einer Vielzahl einzelner Vorschriften eine Rechtsvereinfachung erreicht sowie durch die Harmonisierung der Beschaffenheitsanforderungen für Arbeitsmittel und überwachungsbedürftige Anlagen eine reine

Betriebsvorschrift geschaffen werden. Die BetrSichV ist am 3. Oktober 2002 in Kraft getreten. Mit dem Inkrafttreten werden viele aufgeführte Verordnungen, wie die Aufzugsanlagenverordnung (AufzugsV), die Druckbehälterverordnung (DruckbehV), die Verordnung über brennbare Flüssigkeiten (VbF), die Verordnung über elektrische Anlagen in explosionsgefährdeten Bereichen (ElexV) und die Arbeitsmittel-Benutzungsverordnung (AMBV) aufgehoben und die wesentlichen Anforderungen in der BetrSichV zusammengeführt.

Zusätzlich zu den Anforderungen an die Gefährdungsbeurteilung aus dem Arbeitsschutzgesetz (ArbSchG) hat der Arbeitgeber für Arbeitsmittel gegebenenfalls eine Beurteilung des Explosionsschutzes durchzuführen und für alle Arbeitsmittel insbesondere Art, Umfang und Fristen erforderlicher Prüfungen zu ermitteln und festzulegen. Kann die Bildung einer gefährlichen explosionsfähigen Atmosphäre nicht sicher verhindert werden, hat der Arbeitgeber dies zu beurteilen. Unabhängig von der Zahl der Beschäftigten ist vor Arbeitsaufnahme ein Explosionsschutzdokument mit folgendem Inhalt zu erstellen:

– Ermittlung und Bewertung der Explosionsgefährdung,

– angemessene Vorkehrungen zur Erreichung der Ziele des Explosionsschutzes,

– Bereiche mit Zoneneinteilung gemäß Anhang 3 BetrSichV und

– Bereiche mit Geltungsbereich für Mindestvorschriften.

Die Beurteilung bezieht sich nicht mehr nur auf Zündquellen in elektrischen Anlagen, sondern grundsätzlich auf alle potenziellen Zündquellen. Die BetrSichV führt den Begriff der „befähigten Person" ein. Dies ist eine Person, die durch Berufsausbildung, Berufserfahrung und zeitnahe berufliche Tätigkeit über die erforderlichen Fachkenntnisse zur Prüfung der Arbeitsmittel verfügt. Der Begriff der befähigten Person ersetzt im staatlichen Recht im Wesentlichen den Sachkundigen. Der Begriff des Sachverständigen wird ebenfalls in der BetrSichV nicht mehr verwendet. Prüfungen, die zur Zeit von Sachverständigen (Eigenüberwachungen, TÜV) durchgeführt wurden, übernehmen ab dem 1.1.2006 von den Landesbehörden zugelassene Überwachungsstellen. Altanlagen, die nicht den Anforderungen einer Verordnung nach § 4 Abs. 1 GSG entsprechen, wären noch bis zum 31.12.2007 ausschließlich von amtlich anerkannten Sachverständigen zu prüfen. Nach Beendigung dieser Übergangsfrist verlor der TÜV somit endgültig sein Monopol und die Wahl der Überwachungsstelle liegt beim Betreiber. Wer nicht oder nicht rechtzeitig prüfen lässt oder nicht sicherstellt, dass überhaupt geprüft wird, handelt ordnungswidrig oder muss in besonders schweren Fällen für eine Straftat

(§ 26 BetrSichV) Verantwortung tragen. Der Arbeitgeber hat sicherzustellen, dass Arbeitsmittel durch eine befähigte Person geprüft werden:

– Nach jeder Montage,

– vor der ersten Inbetriebnahme,

– nach Schäden oder Ereignissen,

– nach Instandsetzungsarbeiten, welche die Sicherheit der Arbeitsmittel beeinträchtigen können.

Art, Umfang und Fristen der Prüfungen werden nicht mehr durch staatliche Vorschriften konkret festgelegt. Der Arbeitgeber hat somit eigenverantwortlich Art, Umfang und Fristen auf der Grundlage sicherheitstechnischer Bewertung festzulegen und diese zu dokumentieren, so dass er die Prüfumstände bei Behördenkontrollen oder nach außergewöhnlichen Ereignissen ausreichend begründen kann. Es bietet sich an, ein Prüfkataster zu erstellen. Die Ergebnisse der Prüfung hat der Arbeitgeber aufzuzeichnen und über einen angemessenen Zeitraum (mindestens bis zur nächsten Prüfung, sinnvollerweise aber länger) aufzubewahren.

Die bisherigen Gefahrenklassen bei brennbaren Flüssigkeiten nach der ehemaligen Verordnung brennbarer Flüssigkeiten (VbF, Gültig bis Ende 2002) AI, AII, AIII und B entfallen. An ihre Stelle treten die flammpunktbereichsabhängigen Bezeichnungen hochentzündlich (Flammpunkt unterhalb 0 °C), leichtentzündlich (Flammpunkt unterhalb 21 °C) und entzündlich (Flammpunkt unterhalb 55 °C) mit ihren Kennzeichnungen und Rechtsquellen Chemikaliengesetz (ChemG) und Gefahrstoffverordnung (GefStoffV).

Grundsätzlich eröffnet die Betriebssicherheitsverordnung dem Unternehmer/Betreiber jedoch die Chance, sein persönliches Risiko und das des Unternehmens zu minimieren und Rationalisierungseffckte zu erzielen. Im Idealfall werden hier auch die Instandhaltung und die im Unternehmen praktizierten Managementsysteme für Qualität, Umwelt und Arbeitssicherheit einbezogen.

2.6 Baugesetze

Es gibt in den meisten Ländern Deutschlands die nachfolgenden Bauvorgaben für unterschiedliche Gebäude bzw. unterschiedliche Gebäudenutzungen:

- Landesbauordnung (LBO)
- Beherbergungsstätten VO
- Versammlungsstättenverordnung (VStättV)
- Verkaufsstättenverordnung (VKV)
- Hochhausrichtlinie (HhRl)
- Krankenhausrichtlinie (KHRl)
- Garagenverordnung (GaV)
- Industriebaurichtlinie (IndBauRl)

Pfusch am Bau: Der Rahmen des Brandschutztors wurde nicht sauber eingemauert; dieser Mangel besteht seit dem Bau des Gebäudes 1973 und ist bis jetzt nicht beanstandet und nicht abgestellt worden.

Was Sonderbauten sind (hier Beispiele), wird in der jeweiligen Landesbauordnung definiert, und zwar wie folgt:

- Hochhaus (> 22 m)
- Hochregallager (> 7,5 m)
- Sportstätten
- Gebäude > 1.600 m² Grundfläche
- Kirchen
- Messen, Ausstellungen
- Krankenhaus
- Behindertenheim
- Schule, Universität
- Gefängnis
- Fliegende Bauten
- Campingplatz

Darüber hinaus gibt es weiterführende bzw. untergeordnete Vorgaben für Teil- oder Sonderbereiche in diesen Gebäuden:

- Muster-Leitungsanlagenrichtlinie
- Löschwasser-Rückhalterichtlinie
- Heizraumverordnung
- Systembodenrichtlinie
- Richtlinie für elektrotechnische Betriebsräume

Heizräume sind frei zu halten; sie dürfen nicht anderweitig genutzt werden.

Löschwasserrückhaltung: Der Boden ist flüssigkeitsresistent und auch die untersten wenigen cm der vier Wände; der Boden ist abgesenkt, damit keine Flüssigkeit und kein Löschwasser ausdringen kann und über die Rampe kann man dennoch mit Hubwagen fahren und Fässer transportieren.

Grundsätzlich darf nichts in Fluren sein, unabhängig ob brennbar oder nichtbrennbar. Schränke in Fluchtwegen sind ggf. aber dann geduldet, wenn folgende Punkte sicher garantiert werden können (ggf. Antrag auf Abweichung nötig):

– Keine Einengung der Fluchtwegbreite,

– sicher immer ge- und verschlossene Schränke (z.B. selbstschließendes Kammerende),

– reichen bis zur Decke (d.h. man kann oberhalb nichts ablegen),

– fest montiert an der Wand,

– Griffe sind nicht gefährdend (glatte Türen),

– massives Material (z.B. Holz, Kunststoff) – schwer entflammbar oder nichtbrennbar ggf. auch feuerhemmend,

– Vorgabe über den Inhalt (keine Gase, Elektrogeräte, brennbare Flüssigkeiten),

33

– keine Steckdosen in Flur oder Schränken,

– WICHTIG: Baubehörde/Feuerwehr oder Prüfsachverständige stimmen zu.

2.7 Brandschutzrelevante Normen

Viele brandschutzrelevante Vorschriften werden in Normen vorgegeben und dies betrifft nicht lediglich den organisatorischen Bereich, sondern auch die technischen bzw. anlagentechnischen und die baulichen Belange eines Gebäudes. Nachfolgend findet sich eine kurze, nicht als Kompendium zu verstehende Auflistung von DIN-Normen zum Brandschutz; zum besseren Verständnis werden Grundzüge von einigen erläutert:

– Brandschutzordnung (DIN 14096),

– Flucht- und Rettungsplan (DIN 4844),

– Feuerwehrplan (DIN 14095),

– Brandmeldeanlagen (DIN 14675, EN 54),

– Tragbare Feuerlöscher (DIN EN 3),

– Wandhydranten (DIN 14461),

– Rauch- und Wärmeabzugsanlagen (DIN 18232) und

– Brandverhalten von Baustoffen und Bauteilen (DIN 4102, EN 13501).

Über die Erstellung einer Brandschutzordnung gibt das Kap. 5.1.1 bereits ausführlich Auskunft; weitere Informationen sind für dieses Grundlagenbuch nicht nötig. Über die Erstellung von Flucht- und Rettungswegeplänen finden sich im Buch bis jetzt keine näheren Angaben, deshalb wird dieser Bereich wegen seiner Wichtigkeit näher erläutert: Die Norm gibt Vorgaben über die graphische und inhaltliche Gestaltung dieser Aushänge. Bei bestimmten Gebäudearten ist es gesetzlich oder behördlich vorgegeben, Fluchtwegpläne bereitzuhalten, z. B.:

– Versammlungsstätten,

– Verkaufsstätten,

– Beherbergungsstätten (Hotels, Pensionen),

– Gebäude, die primär zum Aufenthalt von fremden Personen dienen, und

– Gebäude, in denen sich besonders viele Personen aufhalten.

Die Arbeitsstättenverordnung gibt pauschal vor, Fluchtwegpläne für Gebäude bereitzuhalten, wenn es die Lage, die Ausdehnung oder die Art der Nutzung erforderlich macht. Somit ist die Notwendigkeit nicht absolut zu sehen, sondern in Grenzfällen eine Frage der Auslegung, im Ermessen der Behörde und in der Verantwortlichkeit des Betreibers. Da aber einerseits das Erstellen und Aushängen wenig zeitlichen und finanziellen Aufwand bedeutet, diese Pläne aber andererseits in Notsituationen Leben retten können, sollte man sich hier immer auf die sichere Seite begeben und solche Pläne erstellen und aushängen.

Heute wird – anders noch als z. B. 2003 – zunehmend darauf geachtet, dass diese Pläne lagerichtig an der Wand angebracht sind. Man bildet die Räumlichkeiten so ab, dass der Plan so aufgehängt wird, wie ein davorstehender Betrachter die Informationen vom Plan in die Realität umsetzen kann, ohne diese gedanklich im Kopf drehen zu müssen. Das bedeutet, dass der Plan an der Wand „A" hängt und nicht an der links angrenzenden Wand – in diesem Fall müsste man den Plan vor seinem geistigen Auge nicht lediglich um 90° nach hinten legen, sondern ebenfalls noch um 90° im Uhrzeigersinn drehen. Sollte ein Plan an der gegenüberliegenden Wand hängen, so wäre eine dort als z. B. rechts oben eingezeichnete Fluchttür in Wahrheit nicht rechts oben (von diesem Standort), sondern links unten. Der „Erfolg" wäre, dass – gerade in Notsituationen wie einem Brand – die Menschen unsicher und verwirrt wären und erst mal in die falsche Richtung laufen. Wichtig ist die einheitliche Gestaltung solcher Pläne und dies betrifft auch die farbliche Gestaltung. Nach dem Motto „so viel wie nötig, so wenig wie möglich" sollte man, allerdings immer im Abgleich mit der DIN, vorgehen bei der Planerstellung. Was nutzt es beispielsweise einer im Hotelzimmer befindlichen Person, wenn sie auf dem Plan sieht, wie die Nachbarzimmer aufgeteilt sind, wie viele Betten dort stehen, ob es dort Dusche oder Wanne gibt und wie sich die Tür zum Badezimmer in den anderen Räumen öffnen. Wichtig sind die folgenden Punkte:

- Standort,

- Lage des Treppenraums,

- Weg vom Standort zum Treppenraum,

- Lage eines ggf. vorhandenen zweiten Treppenraums,

- Lage von Handfeuermeldern und/oder Telefonen,

- Lage von Feuerlöscheinrichtungen (Feuerlöscher, Wandhydrant) und

- Lage von Erste-Hilfe-Einrichtungen.

Die Farbgebung sowie die verwendeten Formen erfolgen nach der DIN 4844–1 und –2 und dort wird auch die Mindestgröße vorgegeben. Der

Gebäudebetreiber ist dafür verantwortlich, dass diese Pläne aktuell, lagerichtig und in ca. 1,6 m Höhe (mittig gemessen) fest mit der Wand verbunden sind.

Bei den Brandmeldeanlagen ist es entscheidend, wer deren Installation vorgibt und wohin die Meldungen gehen: Wenn eine Behörde bzw. die Bauordnung fordert, dass es eine Brandmeldeanlage gibt, so wird auch immer vorgegeben, an welche Stelle die Meldungen zu erfolgen haben; um unerwünschte Meldungen, basierend auf Störungen, physikalische Einwirkungen, verfahrenstechnische Abläufe oder klimatische Bedingungen auszuschließen oder zumindest zu minimieren, gibt es Mindestanforderungen an solche Anlagen.

Die DIN 14675 sowie die VdS 2095 regeln diese Mindeststandards an Bauteile, Komponenten, Errichter und Betreiber. Es ist davon auszugehen, dass ca. 95% aller Feuerwehrleute in Deutschland bei freiwilligen Feuerwehren sind und nicht bei Berufsfeuerwehren; um diesen Personen nächtliche Einsätze ohne reale Brände zu ersparen, sind die Betreiber gehalten, sich hier so zu verhalten, dass mit organisatorischen und/oder technischen Maßnahmen Fehlalarme vermieden werden. Dies kommt ihnen nicht zuletzt zugute, weil zu häufig falsch meldende Anlagen abgeschaltet werden und damit die Grundlage der Unternehmensberechtigung nicht mehr gegeben ist – oder weil die Feuerwehren Beträge von einigen 100 bis knapp 2.000,– € je vergebens gefahrenen Einsatz berechnen können. Wichtig ist u. a. bei Brandmeldeanlagen, dass alle Bereiche der Gebäude überwacht werden, also auch Keller- und Dachbereiche. Und dass die jeweils richtigen Melder zum Einsatz kommen und „richtig" bedeutet zum einen, dass Brände im Entstehungsstadium gemeldet werden und dass sie zuverlässig melden.

Feuerlöscher werden von den Feuerversicherungen, von den Berufsgenossenschaften, von der Arbeitsstättenverordnung und ggf. auch von der jeweiligen Bauordnung gefordert. Art und Anzahl werden in der BGR 133, die mit der VdS 2001 identisch ist, geregelt. Es wird gefordert, dass „geeignete" Feuerlöscher vorhanden sind; und das bedeutet einerseits, dass das jeweilige Löschmittel das entsprechende Feuer auch ohne zusätzliche Gefährdungen der vorhandenen Personen ausmachen kann; andererseits bedeutet „geeignet", dass durch den Löscheinsatz bzw. durch das Löschmittel selbst kein unverhältnismäßig großer, zusätzlicher Schaden entsteht. Eine extrem große Personengefährdung kann z. B. dann passieren, wenn man mit Wasserlöschern Friteusenbrände bekämpfen will. Hier dürfen nur Feuerlöscher für die Brandklasse F zum Einsatz kommen, die speziell für die Bekämpfung von Fettbränden ausgelegt sind.

Ein extrem großer, vermeidbarer und damit nicht versicherungstechnisch ersatzpflichtiger Zusatzschaden kann dann auftreten, wenn man mit einem ABC-Pulverlöscher einen Schmorbrand in einem Gerät im Rechenzentrum bekämpfen will: Dann gehen nämlich durch die Korrosionsfähigkeit des Pulvers in Verbindung mit der immer vorhandenen Luftfeuchtigkeit binnen Stunden alle elektrischen und elektronischen Bauteile im Raum kaputt. Das Pulver ist sehr fein und verteilt sich nahezu überall, dringt selbst durch geschlossene Türen und kann dort noch Schäden anrichten.

Wandhydranten des Typs F sollen sowohl von Mitarbeitern als auch von Feuerwehrleuten im Brandfall verwendet werden. Sie sind in Gebäuden und sollten flächendeckend installiert sein. Wenn man sie im Treppenraum anbringt, so ist das zwar nicht verboten, aber auch wenig sinnvoll: Sollte ein solcher Wandhydrant eingesetzt werden, müsste die Tür zum Treppenraum um den Durchmesser des Schlauchs offen stehen und somit könnte Rauch in den Fluchtweg (Treppenraum) für andere Personen eindringen. Korrekt wäre das Installieren direkt nach/neben einem Eingang innen. Industriegebäude und Verkaufsstätten müssen oft mit Wandhydranten versehen sein; das gilt auch für weitere Gebäude wie Versammlungsstätten oder die Bettenhäuser großer Krankenhäuser.

Die Schläuche sind bereits seit den 1980er Jahren formstabil, denn nicht formstabile Schläuche können von Brandschutzlaien oft nicht schnell und korrekt eingesetzt werden. Diese müssen nämlich erst mal vollständig abgerollt werden, damit hier ein Löschangriff möglich wird. Solide Firmen, die Feuerlöscher überprüfen können und dürfen, sind auch berechtigt, die Wandhydranten im 2jährigen Rhythmus zu überprüfen.

In manchen Bereichen empfiehlt es sich, Schaum-Wandhydranten bereitzustellen. Hier wird im Hydrantenkasten aus einem Schaumbehälter automatisch bei der Aktivierung des Hydranten ein geringer Prozentsatz Schaum mitgenommen und die Löscheffektivität ist damit deutlich erhöht. Vor allem für Flüssigkeitsbrände und für flüssig werdende Stoffe wie Kunststoffe sind solche Schaumzumischungen grundsätzlich empfehlenswert.

Rauch- und Wärmeabzugsanlagen gehören zu den anlagentechnischen Brandschutzkomponenten, die Menschenleben am besten retten können. Insofern ist die Beseitigung von Rauch, Hitze und Pyrolysegasen – alle drei tödlichen Brandkenngrößen beseitigen RWA-Anlagen – im Brandfall aus den Räumen bzw. Gebäuden und Treppenräumen die wichtigste Forderung, das primäre Ziel. Die nach einem Brandausbruch schnelle Entfernung von Rauch, Hitze und Pyrolysegasen aus Flucht- und Rettungswegen, also Fluren, Gängen, Treppenräumen und Ein-/Ausgangshallen, ist das oberste Ziel. Damit können auch Feuerwehrleute einen Brandherd schneller finden und demzufolge auch schneller löschen – und auch diese Personen werden weniger stark gefährdet.

Vor allem die Sonderbauverordnungen wie die Industriebaurichtlinie, die Versammlungs- und Verkaufsstättenverordnung fordern RWA-Anlagen. Aber auch die Landesbauordnung fordert die Möglichkeit, Treppenräume zu entrauchen. Der Gebäudebetreiber muss dafür sorgen, dass seine Mitarbeiter die Auslösung der RWA kennen und im Brandfall diese so früh wie möglich aktivieren; damit wird die Durchzündung, der Flash-Over, verzögert oder im Idealfall sogar vermieden. RWA-Anlagen, z. B. für Industriehallen, werden immer von Fachingenieuren berechnet und von qualifiziertem Personal eingebaut. Sie sind mit Notstrom versorgt oder werden pneumatisch betrieben, damit man auch bei Stromausfall für Entrauchung sorgen kann.

Die DIN 4102 (zukünftig Europanorm EN 13501) regelt das Brandverhalten von Baustoffen und Bauteilen; sie teilt diese in brennbare und nichtbrennbare ein und legt darüber hinaus fest, ob ein Bauteil 0, 30, 60, 90, 120 oder 180 Minuten ein definiertes Feuer abhalten kann. Grundsätzlich müssen alle in Verkehr gebrachten Bauprodukte danach klassifiziert sein.

2.8 Wichtige Vorschriften und Regeln der Berufsgenossenschaften

Jedes Unternehmen mit mehr als einem Mitarbeiter ist in Deutschland Pflichtmitglied in mindestens einer Berufsgenossenschaft. Diese „Versicherungen für Menschen" erlassen sog. autonome Rechtsnormen, die Gesetzen quasi gleichgesetzt sind und deren Einhaltungen demzufolge verbindlich sind. Es gibt ca. 40 Vorschriften und über 100 Regeln von denen die meisten jedoch den Arbeitsschutz betreffen, einige gehen jedoch auch oder primär auf den Brandschutz ein. Über diese wird in den nachfolgenden Unterkapiteln auszugsweise berichtet. Es wird darauf verwiesen, dass es für jeden verantwortungsvollen Brandschutzbeauftragten eine unbedingte Voraussetzung ist, sich hier die Originaltexte zu besorgen, diese zu kennen und im Betrieb umzusetzen.

Das Einhalten der berufsgenossenschaftlichen Forderungen ist Pflicht. Die BG-Vorschriften gelten als autonome Rechtsverordnungen, die nicht verhandelbar sind. Insbesondere die nachfolgenden BG-Vorschriften sind aktuell und für den Brand- und Explosionsschutz relevant:

– BGV A1 (Grundsätze der Prävention)

– BGV A2 (Betriebsärzte und Fachkräfte für Arbeitssicherheit)

- BGV A3 (Elektrische Anlagen und Betriebsmittel)
- BGV A4 (Arbeitsmedizinische Vorsorge)
- BGV A5 (Erste Hilfe)
- BGV A6 (Fachkräfte für Arbeitssicherheit)
- BGV A7 (Betriebsärzte)
- BGV A8 (Sicherheits- und Gesundheitsschutzkennzeichnung am Arbeitsplatz)
- BGV B5 (Explosivstoffe – Allgemeine Vorschrift)
- BGV C17 (Stahlwerke)
- BGV C22 (Bauarbeiten)
- BGV C24 (Sprengarbeiten)
- BGV C27 (Müllbeseitigung)
- BGV D13 (Herstellen und Bearbeiten von Aluminiumpulver)
- BGV D27 (Flurförderzeuge)
- BGV D34 (Verwendung von Flüssiggas)

Neben den BG-Vorschriften gibt es viele BG-Regeln für Sicherheit und Gesundheit bei der Arbeit, die mit BGR beginnen wie z. B.:

- BGR A3 (Arbeiten unter Spannung an elektrischen Anlagen und Betriebsmitteln)
- BGR 104 (Explosionsschutz-Regeln)
- BGR 110 (Arbeiten in Gaststätten)
- BGR 128 (Kontaminierte Bereiche)
- BGR 132 (Vermeidung von Zündgefahren infolge elektrostatischer Aufladungen)
- BGR 133 (Ausrüstung von Arbeitsstätten mit Feuerlöschern)
- BGR 134 (Einsatz von Feuerlöschanlagen mit sauerstoffverdrängenden Gasen)
- BGR 211 (Pyrotechnik)
- BGR 220 (Schweißrauche)

Stahlspäne und ölverschmutzte Lappen können sich selbst entzünden; sie sind deshalb in nichtbrennbaren und dicht schließenden Behältern aufzubewahren und nach Beendigung der Arbeit aus den Arbeitsräumlichkeiten zu entfernen.

– BGI 560 (Arbeitssicherheit durch vorbeugenden Brandschutz)

– BGI 562 (Brandschutz-Merkblatt)

– BGI 563 (Brandschutz bei feuergefährlichen Arbeiten)

Durch betriebliche Aktivitäten darf es nicht zu Gefährdungen, Verletzungen oder noch schlimmeren Dingen für Menschen kommen. Von den BG-Vorschriften sind die wichtigsten in der nachfolgenden Tabelle aufgeführt und zwar mit der alten Bezeichnung, der neuen Bezeichnung und der GUV-Bezeichnung (GUV = Gemeindeunfallversicherer, das sind die Berufsgenossenschaften des Staats).

Übersicht über ein paar wesentliche Vorschriften der Berufsgenossenschaften:

Alte Bezeichnungen	Neue Bezeichnungen	GUV-Bezeichnungen
VBG 1	BGV A1	GUV – A1
VBG 4	BGV A3	GUV – VA3
VBG 74	BGV D36	GUV – D36
VBG 100	BGV A4	GUV – VA4
VBG 120	BGV C9	GUV – VC10
VBG 122	BGV A6	GUV – VA6/7
VBG 125	BGV A8	GUV – VA8
ZH1/201	BGR 133	GUV – R133

Weitere Vorschriften beschäftigen sich mit der Ausstattung von Büros (primär der Ergonomie), mit Bildschirmarbeitsplätzen, mit Erster Hilfe, mit Handfeuerlöschern, mit der Arbeitsplatzgestaltung sowie Arbeiten in Spezialbereichen (z.B. Küche).

Die Neuordnung der BG-Vorschriften teilt sich ein in:

– A (Allgemeine Vorschriften)

– B (Einwirkungen)

– C (Betriebsarten und Tätigkeiten)

– D (Arbeitsplatz und Arbeitsverfahren)

Die Berufsgenossenschaften kennen BGR (Berufsgenossenschaftliche Regel), BGV (Berufsgenossenschaftliche Vorschrift) und BGI (Berufsgenossenschaftliche Information); darüber hinaus gibt es auch noch ein paar der früher üblichen ZH-Vorschriften (ZH = Zentralverband der Hauptberufsgenossenschaften).

2.9 Handfeuerlöscher

Handfeuerlöscher sind gefordert lt. ArbStättV und BGV A 1/GUV – VA1, hier ist jedoch Qualität und Quantität nicht geregelt – diese Vorgaben befinden sich in der BGR 133. Je Etage muss es mindestens einen Feuerlöscher geben. Handfeuerlöscher sollen zentral aufgestellt werden, möglichst in den Ein-/Ausgangsbereichen. Als Löschmittel gibt es:

- Wasser

- Wasser mit Zusatz

- Fettbrandlöscher

- Schaum

- CO_2 (Kohlendioxid)

- Pulver

- In Deutschland aufgrund der FCKW-Verbotsordnung nicht mehr zugelassen: Halon

Es gibt folgende Brandklassen A, B, C, D und F:

- A: Feste Stoffe (Holz, Papier, Kunststoffe, ...)

- B: Flüssige und flüssig werdende Stoffe (Benzin, Alkohol, Öle, Fett, Harz, Wachs, Teer, flüssig werdende Kunststoffe, ...)

- C: Gasförmige Stoffe (Kohlenmonoxid, Methan, Propan, Butan, Stadtgas, Wasserstoff, Acetylen, ...)

- D: Brennbare Metalle (Aluminium, Magnesium, Lithium, Natrium, Kalium, ...)

- Nicht mehr aufgeführt ist die Brandklasse E: Elektrische/elektronische Anlagen und Geräte

- F: Fette, Öle (Küchen: Friteusen, Pfannen)

Kohlendioxid (CO$_2$) löscht ohne Schäden zu hinterlassen, es nimmt aber die Sicht, ist in engen Räumen lebensbedrohlich und im Freien meist völlig uneffektiv; bei Elektrobränden und Bränden an elektrischen Geräten jedoch ist das Löschmittel bestens geeignet.

43

Schaum ist zum Löschen von brennbaren Flüssigkeiten optimal geeignet, es nimmt auch nicht (wie Pulver oder CO_2) die Sicht.

Heiße Fette können sich selbst entzünden und eine Explosion bewirken, wenn etwas Flüssigkeit hinein gelangt; hier genügten ein Schnapsglas voll Wasser, um diese Durchzündung von lediglich 1,5 l brennendem Fett auszulösen. Mitarbeiter in Kantinen sind entsprechend zu informieren, um Verletzungen und Brände zu verhindern.

Verwendet werden soll:

- Wasserlöscher für Feststoffbrände,

- Wasserlöscher mit Zusatzmittel für glutbildende Feststoffe in frostgefährdeten Bereichen,

- Wasserlöscher mit Zusatzmittel zum Löschen von B-Stoffen (Flüssigkeiten),

- CO_2-Löscher für Gerätebrände,

- Fettbrandlöscher für Küchenbrände,

- Jeder Löscher bei brennenden Menschen (jede Sekunde zählt!),

- Wasser mit Zusatzmittel oder Schaumlöscher bei brennenden Flüssigkeiten,

- Gasbrände evtl. brennen lassen und von der Feuerwehr löschen lassen,

- Schaumlöscher in Garagen,

- CO_2-Löscher in der EDV und grundlegend bei elektrischen und elektronischen Geräten,

- Pulverlöscher in Außenbereichen,

- Wandhydranten möglichst flächendeckend installieren.

Die Arbeitsstättenverordnung fordert die Anwesenheit von Feuerlöscheinrichtungen in Arbeitsstätten (Schutz gegen Entstehungsbrände): „Für die Räume müssen je nach Brandgefährlichkeit der in den Räumen vorhandenen Betriebseinrichtungen und Arbeitsstoffen die zum Löschen möglicher Entstehungsbrände erforderlichen Feuerlöscheinrichtungen vorhanden sein. Die Feuerlöscheinrichtungen müssen leicht zugänglich und leicht zu handhaben sein." Man benötigt nicht für jeden Raum Feuerlöscher bzw. Feuerlöscheinrichtungen, sondern für jede Nutzungseinheit. Eine Nutzungseinheit kann jedoch ein Raum sein (z.B. ein großer, unbedienter EDV-Raum). Generell gilt mindestens jede Ebene als eigene Nutzungseinheit, d.h. man benötigt auf jeder Ebene (Keller, EG, ...) Handfeuerlöscher. Es ist demnach nicht legitim, wenn man erst über eine Treppe gehen muss, um diese zu holen. Wohl aber legitim und auch sinnvoll ist es, wenn man an den Ein- bzw. Ausgängen eines Bereichs mehrere Feuerlöscher zusammen anbringt.

Feuerlöscher müssen geprüft und zugelassen sein (DIN EN 3). Nicht die Löschmittelmenge (kg oder l), sondern die Löschleistung, das Löschvermögen wird beurteilt. Hierzu gibt es sog. Löschmitteleinheiten (LE), die für Feststoffe und Flüssigkeiten indirekt auf den Löschern vermerkt sind;

die nachfolgende Tabelle gibt Auskunft darüber. Ein ABC-Pulverlöscher mit 6 kg Löschpulver hat z.B. den Aufdruck „21 A, 113 B". Das bedeutet, dass eine definierte Menge Holz über eine Länge von 2,1 m gelöscht werden kann, oder eine Menge von 113 l brennbarer Flüssigkeit in einer Wanne. Lt. der nachfolgenden Übersicht entspricht dieser Löscher der Einstufung: 6 LE (= 6 Löschmitteleinheiten).

Löschmitteleinheiten	Feuerlöscher nach DIN EN 3, „A"	Feuerlöscher nach DIN EN 3, „B"
1 LE	5 A	21 B
2 LE	8 A	34 B
3 LE		55 B
4 LE	13 A	70 B
5 LE		89 B
6 LE	21 A	113 B
9 LE	27 A	144 B
10 LE	34 A	
12 LE	43 A	183 B
15 LE	55 A	233 B

Beispiele: Ein fahrbarer Löscher K 30 (= Löscher mit 30 kg Kohlendioxid) entspricht 15 LE; ein fahrbarer Pulverlöscher mit 50 kg Löschpulver entspricht 48 LE (Anmerkung: Pulverlöscher sollten pauschal aufgrund der Löschmittel-Folgeschäden nicht eingesetzt werden und schon gar keine großen, fahrbaren Pulverlöscher).

Nun gilt es, lt. BGR 133 die Brandgefährdung festzulegen; hierfür gibt es Tabellen, wo man verschiedene Unternehmensarten bzw. -bereiche findet. Für viele Unternehmen allgemein relevant sind die aufgeführten Bereiche in der nächsten Tabelle (Anmerkung: In der BGR 133 finden sich hier wesentlich mehr Unternehmensarten und -bereiche):

– **Geringe Brandgefährdung (u.a.):**

  – EDV-Bereiche ohne Papier (d.h. ohne Druckbereich, also lediglich die EDV-Geräte),

  – Bürobereiche ohne Aktenlagerung,

  – Eingangs- und Empfangshallen,

  – Lager mit nichtbrennbaren Gegenständen und geringem Anteil an brennbarer Verpackung,

  – Lager mit nichtbrennbaren Baustoffen,

- Ziegelei, Betonwerk,
- Herstellung von Glas und Keramik,
- Papierherstellung im Nassbereich,
- Konservenfabrik,
- Brauerei,
- Stahlbau, Maschinenbau,
- Gärtnerei,
- Galvanik,
- Dreherei.
- **Mittlere Brandgefährdung (u.a.):**
  - EDV-Bereiche mit Papier (also mit Druckerbereichen),
  - Küchen, Kantinenbereiche,
  - Bürobereiche mit Aktenlagerung,
  - Archive,
  - Lager mit brennbarem Material,
  - Holzlager im Freien,
  - Lager für Verpackungsmaterial,
  - Reifenlager,
  - Schlosserei,
  - Lederbetrieb,
  - Backbetrieb,
  - Elektrowerkstatt,
  - Brotfabrik,
  - Kunststoff-Spritzgießerei,
  - Reifenlager,
  - Buchhandel,
  - Ausstellung,
  - Möbellager.

- **Große Brandgefährdung (u.a.):**

  - Archive,

  - Altpapierlager,

  - Abfall-Sammelräume,

  - Holzlager in Gebäuden,

  - Lager brennbarer Flüssigkeiten und leichtentzündlicher Stoffe,

  - Baumwoll-Lager, Holzlager, Schaumstofflager,

  - Kinos,

  - Diskotheken,

  - Möbelherstellung,

  - Verarbeitung von Lacken,

  - Druckerei,

  - Kfz-Werkstatt,

  - Tischlerei, Schreinerei,

  - Polsterei.

Um zu bestimmen, wie viele bzw. welche Handfeuerlöscher man benötigt, ist demnach zuerst festzustellen, ob eine geringe, mittlere oder große Brandgefährdung vorliegt. Dies erfolgt mit der Auflistung der eben gebrachten Unternehmensbereiche, so liegt z.B. in EDV-Bereichen, in denen es keine Drucker gibt, geringe Brandgefährdung vor. Dann ist anhand der nachfolgenden Übersicht festzulegen, wie viele Löschmittel-einheiten man aufgrund der Fläche benötigt:

Grundfläche	Geringe Brand-gefährdung 1)	Mittlere Brand-gefährdung 2)	Große Brand-gefährdung 3)
0 – 50 m²	6 LE	12 LE	18 LE
50 – 100 m²	9 LE	18 LE	27 LE
100 – 200 m²	12 LE	24 LE	36 LE
200 – 300 m²	15 LE	30 LE	45 LE
300 – 400 m²	18 LE	36 LE	54 LE
400 – 500 m²	21 LE	42 LE	63 LE
500 – 600 m²	24 LE	48 LE	72 LE
600 – 700 m²	27 LE	54 LE	81 LE
700 – 800 m²	30 LE	60 LE	90 LE

Grundfläche	Geringe Brand-gefährdung 1)	Mittlere Brand-gefährdung 2)	Große Brand-gefährdung 3)
800 – 900 m²	33 LE	66 LE	99 LE
900 – 1.000 m²	36 LE	72 LE	108 LE
Je weitere 250 m²	6 LE	12 LE	18 LE

1) Diese Spalte gilt z.b. für EDV-Bereiche ohne Papier, also für die Rechnerräume

2) Diese Spalte gilt z.b. für die Druckerbereiche, Büros, Küchenbereiche

3) Diese Spalte gilt z.b. für Müll-Sammelräume

Um für die jeweiligen Bereiche zu bestimmen, wie viele Handfeuerlöscher man braucht, geht man nach dem unten aufgeführten, vierteiligen Schema vor:

1. Festlegung der korrekten Brandklassen für den Einsatzbereich (Raum, Halle, Etage) des dort bereitgestellten Feuerlöschers:

   – A (Brennbare Feststoffe)

   – B (Brennbare Flüssigkeiten und flüssig werdende Stoffe)

   – C (Brennbare Gase)

   – D (Brennbare Metalle)

   – F (Fette)

Hieraus resultierend wählt man das Löschmittel aus, das sinnvoll, geeignet, effektiv und nicht gefährdend ist. Ein Problem resultiert daraus, dass die alte Brandklasse „E" (= elektrische/elektronische Geräte und Anlagen) ersatzlos abgeschafft wurde und diese nun zur Brandklasse „A" fallen – was ja nur bedingt richtig ist, denn es sind keine glutbildenden Brände. Es ist allgemein üblich, zugelassen, effektiv und legitim, Löscher mit Kohlendioxid (die jetzt nur noch für B-Brände zugelassen sind) für derartige Bereiche einzusetzen. Wenn nirgends brennbare Flüssigkeiten oder brennbare Gase vorhanden sind, benötigt man für brennbare Flüssigkeiten und Gase (diese sollte man ohnehin nur in Ausnahmefällen selber löschen) auch keinen Löscher, d.h. Brandklassen B und C müssen nicht abgedeckt werden. Daraus folgt, man braucht nirgends Pulverlöscher, denn man kann Wasserlöscher mit Zusatzmitteln oder Schaumlöscher dort einsetzen.

2. Ermittlung der Brandgefährdung nach der o. a. Übersicht:

   – Geringe Brandgefährdung, z.B.: EDV-Bereiche ohne Papier, d.h. ohne Drucker,

   – Mittlere Brandgefährdung, z.B.: „normale" Bürobereiche,

   – Hohe Brandgefährdung, z.B.: Archive, Müll-Lagerraum.

3. Festlegung der benötigten Löschmitteleinheiten nach der o. a. Tabelle:
   - In Abhängigkeit der Flächen (Räume, ohne Gänge),
   - und unter Berücksichtigung der Brandgefährdung (gering, mittel, groß),
   - Ablesen, wie viel LE man benötigt.

4. Gemäß der ersten Tabelle bestimmen, wie viele Löscher man braucht:
   - Auf jedem Löscher steht eine Zahl vor den Buchstaben A und/oder B (C ist nicht klassifiziert) und mit dieser Zahl kann man in diese Liste gehen.
   - In der ganz linken Spalte steht dann, wie viele LE z.B. 13 A bringen (nämlich 4 LE).
   - Hat man berechnet, dass man 16 LE benötigt, würde man also 4 von diesen Löschern brauchen.
   - Die LE verschiedener Löscher bzw. verschiedener Löschmittel dürfen addiert werden.

Ein Problem, und darauf geht die Vorschrift nicht ein, ist die Ausrüstung von EDV-Bereichen mit CO_2-Löschern. Löscher mit Kohlendioxid sind für Brände an und in elektrischen und elektronischen Anlagen und Geräten bestens geeignet und auch bei Kabelbränden sehr gut einsetzbar. Es steht jedoch keine Löschmitteleinheit für Feststoffe auf dem Löscher, sondern lediglich Löschmitteleinheiten für Flüssigkeiten. Nun sind aber keine brennbaren Flüssigkeiten in EDV-Bereichen vorhanden, sondern lediglich die Elektrogeräte, ggf. auch Drucker.

Handfeuerlöscher sind dafür gedacht, Entstehungsbrände in der Entstehungsphase zu bekämpfen. Es wird deshalb empfohlen, mehrere Feuerlöscher in großen Räumen bzw. Hallen bereit zu stellen, damit wenig Zeit zwischen dem Holen des Löschers und dem Löschereinsatz besteht. Nicht Sinn von mehreren Handfeuerlöschern ist es nach dem Willen des Gesetzgebers, dass ein größerer Brand von den Mitarbeitern mit mehreren Handfeuerlöschern bekämpft wird – das ist Aufgabe der zuständigen Feuerwehr. Die nachfolgende Übersicht gibt im Detail Hinweise, bei welchen Räumlichkeiten welche Löscher eingesetzt werden sollen und welche nicht.

	Pulver oder Schaum[1]	CO_2	Wasser[2]	CO_2 und Wasser
Büroräume	–	+	+	++
Technische Geräte	–	+	0	–
Treppenhäuser	0	–	+	0
Kellerräume	0	–	+	–
Heizungsräume	+	0	–	–
Lagerräume	0	–	+	–
Labore	0	+	0	0
Kraftfahrzeuge	+	0	–	–
Außenbereiche	+	–	+	–
Schaltzentralen	–	+	–	0
Produktionshallen	0	0	0	++
Elektronikräume	–	+	–	0
Öltank	+	0	–	–

Legende:
1) Immer Pulver oder Schaum, niemals Pulver und Schaum gleichzeitig einsetzen
2) Wasser mit Zusatzstoffen ist effektiver, gefriert bei 0 °C nicht und geht unter bestimmten Voraussetzungen auch bei brennbaren Flüssigkeiten (feiner Sprühstrahl, Zusatzmittel) und bei elektrischen Anlagen (Sprühstrahl, Mindestabstand 3 m, bis 1.000 Volt Spannung)

++ = ideale Kombination für diese Bereiche   0 = unter Vorbehalt geeignet
+ = geeignet   – = nicht geeignet

Professionelle Löschübung an einer Flugzeugattrappe der Flughafenfeuerwehr.

Pulver beeinträchtigt die Sicht derart stark, dass eine Flucht oft schwierig gemacht wird; hier sind im Freien lediglich ca. 500 g Pulver abgeblasen worden, im Löscher sind 6 kg Pulver enthalten.

Mitarbeiter müssen mit Feuerlöschern umgehen können und wissen, welches Löschmittel welche Wirkung hat; hier wird Kohlendioxid genommen, um eine brennbare Flüssigkeit zu ersticken – handelt es sich um heißes Fett, würde es sich aufgrund der heißen Dämpfe nach einigen Sekunden wieder selbst entzünden.

Wie lange kann ein Löscher funktionsfähig sein? Dies wird bei der Anwendung von brandschutztechnischen Laien oft überschätzt oder nicht berücksichtigt. Meist stehen sie nur wenige Sekunden zur Verfügung, also muss man effektiv löschen. Kohlendioxidlöscher sind aufgrund der Vergasung des flüssig gelagerten Löschmittels um bis zu doppelt so lange einsatzbereit als andere konventionelle Handfeuerlöscher. Ein Schaum- oder Wasserlöscher neuester Bauart mit 6 l oder 9 l kann 30 s, oder aber bis über 60 s einsatzbereit sein – ein älteres Modell jedoch kann nach 8 s leer sein.

Gleiches gilt sinngemäß auch für Löscher mit anderen Inhalten. Insofern ist es nicht möglich, Angaben über die Einsatzdauer der verschiedenen Modelle zu geben, denn je nach Alter des Löschers, je nach Löschmittel und je nach Hersteller und Bauart (z.B. Hochdruckgerät, Wasservernebelung) gibt es extreme Abweichungen.

Um die Gefahr zu minimieren, dass Mitarbeiter im Brandfall den falschen Löscher einsetzen, genügt die Ausschilderung auf dem Löscher selbst nicht. Von brandschutztechnischen Laien kann nicht verlangt werden, dass sie die dort verwendeten Abkürzungen (A, B, C und D, an alten Löschern auch noch E) in der Notsituation richtig interpretieren. Deshalb sollen große Hinweisschilder an bzw. neben oder über jedem Löscher angebracht sein, die auf die jeweiligen Einsatzmöglichkeiten und auch -grenzen hinweisen.

Fahrbare Feuerlöscher (> 20 kg Gesamtgewicht) sind bis auf einen größeren Löschmittelinhalt, ein Fahrgestell und einen längeren Schlauch identisch mit den kleineren Feuerlöschern. Es gibt z.B. fahrbare Löscher mit 20, 30, 50 oder auch 70 kg Löschmittelinhalt und auch die oben aufgeführten Löschmittel.

2.10 Vorschriften und Forderungen der Versicherungen

Jedes Unternehmen muss sich bei den zuständigen Feuerversicherungen informieren, welche Obliegenheiten, Auflagen und Vorschriften Gültigkeit haben. Dabei können Feuer und Betriebsunterbrechung durch Feuer evtl. durch unterschiedliche Versicherungsgesellschaften abgedeckt sein. Je nach dem, ob eine Versicherung sich an die Vorschläge des VdS (Verband der Schadenversicherer e.V.) hält, eigene Richtlinien hat oder solche aus anderen Ländern, sind unterschiedliche Vorschriften einzuhalten, um im Schadenfall keine Probleme mit der Regulierung zu bekommen. Die Schadenversicherungen, allen voran die Sparte „Feuer", haben ein relativ komplexes Regelwerk mit Vorgaben und Vorschriften. Die nachfolgende Übersicht gibt die wichtigsten Vorgaben der Deutschen Versicherungen an:

– Allgemeine Sicherheitsvorschriften der Feuerversicherer für Fabriken und gewerbliche Anlagen (VdS 2038);

– Allgemeine Feuer-Betriebsunterbrechungs-Versicherungsbedingungen (FBUB);

- Allgemeine Vertragsbedingungen (AVB);

- Brandwände und Komplextrennwände (VdS 2234);

- Brandschutz-Vorschriften in Anlehnung an die Bestimmungen des VdS/BDI;

- Sicherheitsvorschriften für Starkstromanlagen bis 1.000 Volt;

- Brandschutz im Betrieb (VdS 2000);

- Schweiß-, Schneid-, Löt- und Trennschleifarbeiten;

- Sicherheitsvorschriften für Feuerarbeiten (VdS 2047, VdS 2008);

- Erlaubnisschein für feuergefährliche Arbeiten (VdS 2036M);

- Feuerlöscher (VdS 2001, identisch mit der BGR 133);

- Flüssiggasanlagen bis 3 Tonnen (VdS 2055);

- Brandschutz bei Bauarbeiten (VdS 2021);

- Sonstiges, z.B. produktspezifische Vorgaben für bestimmte Produktionsbereiche, Verwaltungen, Rechenzentren, Lager- und Logistikbereiche;

- Brandschutzausbildung im Betrieb (VdS 2213);

- Brandschutz im Lager (VdS 2199);

- Brandmeldeanlagen (CEN TS 54-14:2004);

- Sicherheitsvorschriften für elektrische Anlagen (VdS 2046);

- Müllpresscontainer (VdS 2207);

- Ladegeräte für Gabelstapler (VdS 2259);

- Niedervoltbeleuchtung (VdS 2302, VdS 2324);

- Überspannungsschutz (VdS 2031, VdS 2569, VdS 2019, VdS 2017, VdS 2192);

- Sprinkleranlagen (VdS 2092 bzw. CEA 4001);

- Kohlendioxidlöschanlagen (VdS 2093 bzw. CEA 2008);

- u.a.m.

Diese Broschüren und ggf. noch weitere firmen- oder produktionsspezifische Vorgaben und Vorschriften sollte man sich über seinen Makler oder direkt beim Versicherer oder beim VdS bestellen, um die Inhalte zu kennen und betrieblich umzusetzen.

Die Allgemeinen Sicherheitsvorschriften der Feuerversicherer (ASF, VdS 2038) sind in allen Unternehmen auszuhängen, ggf. (wie hier) in mehreren Sprachen; die Inhalte werden durch Unterweisung vermittelt.

Die wichtigsten Inhalte der Allgemeinen Sicherheitsvorschriften der Feuerversicherer (ASF) für Fabriken und gewerbliche Anlagen sind nachfolgend aufgeführt. Diese allgemeinen Vorgaben der Versicherungen heißen deshalb „allgemein", weil sie für alle Arten von Unternehmen gelten. Egal, ob man ein Büro, ein Krankenhaus, ein Filmatelier, ein beliebiges Produktionsunternehmen (Holz, Metall, Elektronik, Lebensmittel, Kleidung, Möbel, ...), ein Rechenzentrum, dessen Büro- oder Technikbereiche oder ein Logistikunternehmen betreibt, sie gelten für alle Arten von Unternehmen. Zu den allgemeinen Anforderungen mag es im Einzelfall noch individuelle Anforderungen geben, die dann die produktspezifischen Belange oder auch die firmenindividuellen Gegebenheiten berücksichtigt.

Gefordert wird, dass alle Aufsichtsführenden über die Sicherheitsvorschriften unterrichtet werden und dass ein Auszug aus den Allgemeinen Sicherheitsvorschriften an den entsprechenden Stellen (schwarze Bretter) ausgehängt wird, um sie allen Mitarbeitern bekannt zu machen.

Es ist nicht relevant, bei welcher Versicherung man die Verträge über die Feuerversicherung und die Feuer-Betriebsunterbrechungs-Versicherung laufen hat, denn die ASF gelten für alle Versicherungen gleichermaßen. Folgende wesentlichen Punkte sind in den ASF enthalten:

- Gesetzliche Brandschutzvorschriften (z.b. Landesbauordnung, Verordnungen der Innenministerien u.a.m.) sind einzuhalten.

- Behördliche Vorschriften (z.b. Vorgaben der Berufsgenossenschaften, der Gewerbeaufsicht), die den vorbeugenden und abwehrenden Brandschutz tangieren, sind einzuhalten.

- Die Aufsichtsführenden sind über diese Vorschriften zu informieren.

- Den Mitarbeitern ist ein Auszug der ASF durch Aushänge bekannt zu machen.

- Mitarbeiter, die nicht deutsch sprechen, müssen diese Vorschriften in einer verständlichen Form und Sprache vermittelt bekommen.

- Feuerschutzabschlüsse, insbesondere Brandschutztüren und Schotts müssen erkennbar und zugelassen sein.

- Brandschutztüren dürfen nicht aufgekeilt oder aufgebunden werden.

- Brandschutztüren sollen generell immer geschlossen sein, sie müssen immer selbstschließend sein; wird gewünscht, dass sie während des Betriebs offen stehen, so dürfen nur zugelassene Feststell-Vorrichtungen verwendet werden, die im Brandfall selbsttätig schließen und vom DIBt (Deutsches Institut für Bautechnik, Berlin) freigegeben sind.

- Brandschutztüren sind außerhalb der Arbeitszeiten zu schließen (auch wenn sie im Brandfall selbsttätig schließen).

- Brandschutztüren sind zu warten, ihre ständige Funktionsbereitschaft muss sicher gewährleistet sein.

- Elektrische Anlagen sind nach den anerkannten Regeln der Elektrotechnik zu errichten und zu betreiben.

- Nur Fachkräfte oder unterwiesene Personen dürfen elektrische Anlagen errichten bzw. betreiben.

- In feuer- und/oder explosionsgefährdeten Bereichen herrscht Rauchverbot.

- In Garagen und KFZ-Werkstätten herrscht Rauchverbot.

- In explosionsgefährdeten Bereichen dürfen funkenbildende Geräte, Werkzeuge und nicht explosionsgeschützte Elektrogeräte nicht verwendet werden.

- Brand- und/oder explosionsgefährdete Bereiche sind außen entsprechend auszuschildern, es sind die Gefahren und das korrekte Verhalten bekannt zu machen.

- In brand- und/oder explosionsgefährdeten Bereichen sind geeignete Feuerlöscher oder auch Wandhydranten (so geeignet) in ausreichender Anzahl anzubringen.

- Es sind geeignete Aschenbehälter bereitzustellen.

- Feuergefährliche Arbeiten dürfen nur befähigte Personen durchführen.

- Feuergefährliche Arbeiten außerhalb der hierfür vorgesehenen Bereiche dürfen nur dann durchgeführt werden, wenn sie von dem für diesen Bereich verantwortlichen Mitarbeiter schriftlich freigegeben wurden.

- Es muss einen Erlaubnisschein für feuergefährliche Arbeiten geben, der Maßnahmen zum Brandschutz vor, während und nach den Arbeiten regelt.

- Die jeweils gültigen Vorschriften für Heizräume sind einzuhalten.

- Feuerstätten und Heizeinrichtungen sind im Radius von mindestens 2,0 m von Brandlasten frei zu halten.

- Brennbare Flüssigkeiten dürfen nicht verheizt werden und auch nicht zum Entfachen des Feuers verwendet werden.

- Heiße Schlacke und Asche muss in dafür vorgesehenen feuerbeständig abgetrennten Gruben oder Räumen oder im Freien mit mindestens 10 m Abstand zu den Gebäuden aufbewahrt werden.

- Elektrogeräte dürfen nur mit Zustimmung der Betriebsleitung benutzt werden.

- Heiße Rohrleitungen sind abzusichern, damit sie keinen Brand auslösen.

- In besonders gefährlichen Situationen des Umgangs mit leicht entzündlichen oder selbstentzündlichen Stoffen oder mit explosionsgefährlichen Flüssigkeiten, Feststoffen und Gasen sind eventuell zusätzliche Schutzmaßnahmen erforderlich.

- In den Arbeitsräumen darf es höchstens die für den Fortgang der Arbeit nötigen Mengen an brennbaren Flüssigkeiten und Gasen je Arbeitsplatz geben, nicht mehr jedoch als der Schichtbedarf.

– Brennbare Flüssigkeiten sind in nicht zerbrechlichen Gefäßen aufzubewahren.

– Brennbare Flüssigkeiten dürfen nicht in Ausgüsse geschüttet werden.

– Im Bereich der Verpackung und Kommissionierung darf es leicht entflammbares Verpackungsmaterial höchstens in der während einer Schicht benötigten Menge geben.

– Im Bereich der Verpackung und Kommissionierung darf das leicht entflammbare Verpackungsmaterial nicht lose aufbewahrt werden, sondern nur in nichtbrennbaren Behältern mit dicht schließendem Deckel.

– Weiteres Verpackungsmaterial darf nur in eigenen, feuerbeständig abgetrennten Räumen oder im Freien mit mindestens 10 m Abstand zu Gebäuden, aufbewahrt werden.

– Packräume und Lagerräume für Verpackungen dürfen nicht direkt (Ofen, Strahler, Lufterhitzer) beheizt werden, auch wenn dies nach der Landesbauordnung erlaubt ist.

– Brennbare Abfälle sind aus den Arbeitsbereichen mindestens bei Schichtwechsel, eventuell auch öfter zu entfernen.

– Brennbare Abfälle sind in eigenen, feuerbeständig abgetrennten Räumen aufzubewahren oder im Freien in einem Abstand von mindestens 10 m zu Gebäuden.

– Ölige, fettige oder mit brennbaren Flüssigkeiten getränkte Putzlumpen und dergleichen dürfen nur in nichtbrennbaren Behältern mit dicht schließendem Deckel aufbewahrt werden.

– Glutreste, z.B. von Zigaretten, müssen getrennt von anderen Abfällen in nichtbrennbaren und geschlossenen Behältern aufbewahrt werden.

– Staub ist mindestens innerhalb der jeweils vorgegebenen Fristen aus bzw. von den entsprechenden Anlagen zu entfernen.

– Es muss Feuerlöscheinrichtungen geben, die in Qualität und Quantität den jeweiligen Gefahren entsprechen.

– Feuerlöscheinrichtungen sind regelmäßig zu warten.

– Handfeuerlöscher müssen amtlich geprüft und zugelassen sein; sie müssen an gut sichtbarer Stelle und stets leicht zugänglich angebracht sein.

– Die Mitarbeiter sind um Umgang mit den jeweiligen Löscheinrichtungen zu unterweisen.

- Es muss eine Brandschutz- und Feuerlöschordnung geben, die ausgehängt wird.
- Jede Benutzung von Feuerlöscheinrichtungen ist der Betriebsleitung zu melden.
- Der Missbrauch von Feuerlöscheinrichtungen ist verboten.
- Nach Arbeitsschluss muss eine der Betriebsleitung verantwortliche Person die Betriebsräume auf gefahrdrohende Umstände hin kontrollieren und insbesondere auf Folgendes achten:
  - Sind die Brandschutztüren geschlossen?
  - Sind nicht mehr benötigte Elektrogeräte ausgeschaltet und/oder ausgestreckt?
  - Liegt keine Brandgefahr mehr vor an Stellen, an denen es feuergefährliche Arbeiten gab?
  - Sind die Abfälle ordnungsgemäß beseitigt?
  - Sind Feuerstätten und Heizeinrichtungen gegen Brandausbruch gesichert?
  - Sind die Außenfenster und Außentüren ge- bzw. verschlossen?

Es wird in der Vorschrift darauf hingewiesen, dass der Versicherungsschutz beeinträchtigt werden kann, wenn ganz allgemein gegen Brandschutzbestimmungen verstoßen wird.

Da EDV-Bereiche und Rechenzentren heute bei immer mehr Unternehmen Standard sind, wird auf das hier geltende Merkblatt des VdS auch noch verwiesen. Dieses „Merkblatt zum Brandschutz in Räumen für EDV-Anlagen" (VdS 2007) beinhaltet die wesentlichen Brandschutzbestimmungen der Versicherungen für EDV-Bereiche – es ist somit, nach der ASF, die wesentliche Vorschrift für den EDV-Bereich jedes Unternehmens. Es handelt sich nicht (wie beispielsweise die ASF) um eine Vorschrift oder (wie beispielsweise die LBO) um ein Gesetz oder (wie beispielsweise die BGR 133) um autonome Rechtsnormen, sondern um ein Merkblatt mit Empfehlungen. Nachfolgend sind die brandschutztechnischen Vorschläge aus diesem Merkblatt aufgeführt:

- EDV-Bereiche sind von angrenzenden Bereichen feuerbeständig abzutrennen.
- Es sollte weitere Räume geben, die innerhalb des EDV-Bereichs untereinander feuerbeständig abgetrennt sind:
  - Datenerfassung

- Vorbereitung

- Datenarchiv

- Papierlager

- Räume für die Klimatisierung

- Räume für die Stromversorgung und Stromverteilung

- Räume für die Notstromerzeugung

- Räume für die USV-Anlagen und Batterieanlagen

- Türen sollen pauschal feuerbeständig sein.

- Klimakanäle sollen bei Durchgängen durch feuerbeständige Wände und Decken feuerbeständige Brandschutzklappen haben.

- Klimakanäle und ihre Isolierungen sollen aus nichtbrennbaren Stoffen errichtet werden.

- Die Ansaugöffnung für die Klimaluft darf keine Schadstoffe ansaugen können; hier ist zudem auf Sabotageschutz zu achten.

- Die EDV-Räume sollen eine von der Klimaanlage unabhängige Überwachungsanlage erhalten, die Temperatur und Feuchtigkeit kontrolliert und Abweichungen an eine ständig besetzte Stelle meldet.

- Mauerdurchbrüche für Kabel sind mit zugelassenen, feuerbeständigen Schotts zu versehen.

- Die betrieblichen Brandlasten durch Möbel, Bodenbeläge, Vorhänge usw. sind so niedrig wie möglich zu halten; nichtbrennbare Einrichtungsgegenstände sind schwerentflammbaren vorzuziehen.

- Die Gebäude benötigen eine Blitzschutzanlage.

- Zum Blitzschutz wird Potenzialausgleich benötigt.

- Den Schutz der elektrischen und elektronischen Anlagen und Geräte gegen Überspannungen kann man aber nur gewährleisten, wenn es für die Strom- und Datenleitungen Grob-, Mittel- und Feinschutz (Typ 1, 2 und 3) gibt.

- Es ist durch besondere Maßnahmen dafür zu sorgen, dass Wasser nicht eindringen kann und wenn doch, dass es schnellst möglich wieder aus den EDV-Räumlichkeiten entfernt werden kann.

- Die elektrischen Anlagen sind nicht nur nach den anerkannten Regeln der Elektrotechnik zu errichten, sondern insbesondere sind die DIN VDE 0100 Teil 720 sowie DIN VDE 0800 anzuwenden.

- Die Beleuchtungsanlagen müssen DIN VDE 0100 Teil 559 entsprechen.
- Leuchten mit Entladungslampen (sog. Neonröhren) müssen entweder mit Drosselspulen mit Temperatursicherung (DIN VDE 0631) und flamm- und platzsicheren Kondensatoren (Kennzeichnung „FP") ausgerüstet sein, oder mit elektronischen Vorschaltgeräten (EVG) nach DIN VDE 0712.
- Im Verlauf der Fluchtwege aus den EDV-Bereichen sind Notabschalteinrichtungen für die Maschinen vorzusehen, hier muss die Klimatisierung ebenfalls mit geschaltet werden können.
- Wasserleitungen und Gasleitungen sind außerhalb der EDV-Räumlichkeiten zu verlegen, soweit sie nicht für den Betrieb erforderlich sind; sie müssen zudem absperrbar sein.
- Automatische Brandmelder sind in allen EDV-Räumlichkeiten sowie auch in den oben, unten und seitlich daran angrenzenden Räumlichkeiten anzubringen.
- Automatische Brandmelder sollen nicht nur in den Räumen sein, sondern (so vorhanden) auch in den abgehängten Decken (Zwischendecken) sowie in den Doppelböden (unabhängig von der Höhe des Bodens).
- Die Brandmeldezentrale sowie alle Komponenten sollen der aktuellen CEA-Europanorm entsprechen.
- Automatische Schaltungen sollen von der Brandmeldeanlage nur dann vorgenommen werden, wenn dies mindestens zwei Melder auslösen.
- Die Meldung eines Brandmelders muss an eine ständig besetzte Stelle gehen.
- Nicht vom Raum aus sichtbare Melder sind an der Decke oder auf dem Boden zu kennzeichnen.
- Es muss sicher gewährleistet werden, dass man am Tableau erkennen kann, welcher Melder ausgelöst hat, um verzögerungsfrei die meldende Stelle zu finden.
- Es soll zusätzlich noch Hand-Druckknopfmelder geben.
- Automatische Brandlöschanlagen (Löschgase oder vorgesteuerte Sprinkleranlagen) sind empfehlenswert.
- Qualität und Quantität der Feuerlöscher berechnet sich nach der Vorschrift der Berufsgenossenschaft BGR 133.

- Pulverlöscher sind weder in den EDV-Räumen, noch in deren Umgebung bereitzuhalten.

- Die elektrischen und elektronischen Geräte sind nach der Vorschrift der Berufsgenossenschaft BGV A 3 zu überprüfen.

- In allen EDV-Räumen gilt ein Rauchverbot.

- Brennbare Stoffe dürfen in den EDV-Räumen nur in der Menge eines Tagesbedarfs vorhanden sein.

- Brennbare Abfälle sind in nichtbrennbaren und selbsttätig schließenden Behältern zu sammeln.

- Abfälle sind arbeitstäglich aus den Räumlichkeiten der EDV zu entfernen.

- Die Mitarbeiter sind zu schulen, wie man sich im Brandfall im EDV-Bereich richtig verhält.

- Die Mitarbeiter sind im Umgang mit Handfeuerlöschern zu schulen.

- Es wird empfohlen, mit der zuständigen Feuerwehr regelmäßig Begehungen zu machen und auch über die Löschmittel zu sprechen, die im Brandfall verwendet werden.

- Es soll ein Notfallplan aufgestellt werden, in dem organisatorische Maßnahmen für den Schadenfall sowie Ausweichmöglichkeiten festzulegen sind.

- In den Arbeitsräumen sollen sich nur diejenigen Datenträger befinden, die unmittelbar für den Arbeitsablauf gebraucht werden; alle übrigen Datenträger sind entweder in einem eigenen, feuerbeständig abgetrennten Raum oder in Datensicherungsschränken unterzubringen.

- Durch geeignete Maßnahmen ist dafür zu sorgen, dass alle Daten mit vertretbarem Aufwand rekonstruierbar sind (z.B. durch Kopieren und Auslagern wichtiger Daten).

Bei den Feuerversicherungen soll sich der Brandschutzbeauftragte informieren, welche Obliegenheiten einzuhalten sind und welche Vorschriften, ggf. auch weitere individuelle Auflagen einzuhalten sind. Es mag nämlich sein, dass solche Auflagen vor vielen Jahren noch mit anderen Mitarbeitern vereinbart wurden und diese nicht mehr bekannt sind – im Brandfall jedoch gilt das geschriebene Wort!

Diese Rauchschutztür in einem Krankenhaus(!) ist aufgekeilt; kommt es dadurch zu einer Rauchverschleppung, würde es mit dem Feuerversicherer aufgrund der Schadenvergrößerung Probleme geben – ganz abgesehen von der Personengefährung.

Wenn man die Anfahrtswege für die Feuerwehr nicht frei hält und es dadurch zu einem verspäteten Löscheinsatz kommt, kann das ebenfalls zur Reduzierung der Versicherungsleistung führen.

3. Brandlehre

Hier ein paar wichtige, wesentliche Grundlagen zum Brennen. Wenn man weiß, wie und warum Gegenstände brennen, weiß man meist auch, wie man das unerwünschte Verbrennen von Gegenständen vermeiden kann. Gleiches gilt auch für mögliche Zündquellen, denn es ist wichtig zu wissen, welche oftmals geringen Zündenergien ausreichen können, um ein Schadenfeuer zu verursachen.

3.1 Chemisch-physikalische Grundlagen

Es müssen sieben Dinge zusammen kommen, wenn es brennen soll – insofern ist klar, dass man lediglich einen der sechs Punkte angreifen bzw. beseitigen muss, wenn man will, dass es nicht brennt.

1. Brennbarer Stoff mit „richtigem" Verhältnis seiner Oberfläche zu seinem Volumen,

2. ausreichende (effektive) Zündquelle,

3. ausreichend lange Einwirkzeit der Zündquelle,

4. Sauerstoff,

5. räumliches Zusammentreffen der Punkte 1, 2 und 4,

6. zeitliches Zusammentreffen der Punkte 1, 2 und 4 und

7. richtiges Mischungsverhältnis von Brandlast und Luftsauerstoff.

Brennbare Gegenstände (Punkt 1) sind praktisch jederzeit, immer und überall vorhanden in Form von betrieblichen und/oder baulichen Brandlasten. Auch Sauerstoff ist in Form von Luftsauerstoff zu 21 Vol.-% praktisch überall vorhanden. Auf beide Stoffe kann man nur in Sonderbereichen und in Ausnahmesituationen verzichten. Brandschutz wird demnach besonders dadurch betrieben, indem man die Zündquellen eliminiert, trennt, kapselt, überwacht oder substituiert. So kann man sowohl Zündquellen, als auch Brandlasten räumlich trennen, um eine Zündung zu vermeiden.

Mit ausreichender, effektiver Zündquelle ist gemeint, dass beispielsweise die Dämpfe von Benzin aufgrund von elektrostatischer Aufladung bereits gezündet werden können, aber Papier kann man damit nicht entzünden.

Wenn man an eine Holztischplatte eine Feuerzeug- oder Zündholzflamme hält, so wird man die Holzplatte beschädigen, aber nicht entzünden können: Diese Platte ist u. U. schwerentflammbar und kann bei Normaltemperatur nicht auf diese Weise entzündet werden.

3.2 Brennen und Löschen

Gegenstände brennen dann, wenn sie eine Mindesttemperatur überschritten haben, oder wenn die Zündenergie ausreichend hoch ist. Sind die Gegenstände heiß genug oder leicht- bzw. normalentflammbar, dann brennen sie bei Sauerstoff-Zufuhr weiterhin ab. Schwerentflammbare Gegenstände werden erlischen, wenn die Zündenergie weggenommen wird – aber auch lediglich nur dann, wenn sie noch nicht besonders warm geworden sind; andernfalls brennen auch sie weiter.

Wasser löscht, indem es in den brennbaren Stoff eindringt und sich erwärmt, dadurch wird der Stoff abgekühlt und kann nicht mehr brennen. Eindrucksvoll kann man das mit einem Papier- oder Kunststoffbecher testen, wenn man Leitungswasser einfüllt und dann von unten mit einem Feuerzeug beflammt: Der leichtentzündliche Gegenstand (Papier oder PVC) brennt nicht, weil das Wasser von der anderen Seite kühlt.

Kohlendioxid löscht, indem es den Sauerstoff verdrängt. Glutbildende Stoffe wie Holz oder Papier kann man damit nicht löschen, sondern lediglich Flüssigkeiten, ggf. auch brennbare Gase. Im Freien sind Löscher mit Kohlendioxid (CO_2) meist uneffektiv.

Schaum löscht, indem es sich auf den brennbaren Stoff oder die brennbare Flüssigkeit legt und verhindert, dass weiterhin Saucrstoff aus der Luft zugeführt werden kann. Hinzu kommt die kühlende Wirkung des wässrigen Schaums.

Pulver legt sich auf die brennbare Oberfläche und sintert dort. Es bildet ebenfalls eine luftundurchlässige Schicht auf dem Brandgut und verhindert so das Weiterbrennen. Pulver kühlt aber nicht so gut wie Wasser und kann in Verbindung mit der immer vorhandenen Luftfeuchtigkeit auf metallenen, blanken Gegenständen und in elektrischen und elektronischen Geräten, auch weit weg vom Einsatzort des Pulverlöschers und oft erst nach Wochen oder Monaten, zerstörende Korrosionen bewirken. Pulver sollte deshalb lediglich in seltenen Ausnahmebereichen eingesetzt werden.

3.3 Die Baustoffklassen

DIN EN 13501	DIN 4102
R = Tragfähigkeit	≥ 30 min., FH (feuerhemmend)
E = Raumabschluss	≥ 60 min., HFH (hochfeuerhemmend)
I = Isolation im Brandfall	≥ 90 min., FB (feuerbeständig)
W = Strahlungsbegrenzung	BW, Brandwand ≥ 60/90 min.
M = Mechanisch stabil	≥ 120 min., hochfeuerbeständig
C = Selbstschließend	≥ 180 min., höchstfeuerbeständig
S = Rauchdicht	Klassen: 30/60/90/120/180
P/PH = Erhalt Stromversorgung	BW: F 90-BW
Minuten: 15/20/30/60/90/120/180/240	
BW: REI-M 90	

Nach der DIN EN 13501 (vormals DIN 4102) werden Baustoffe wie folgt eingeteilt:

- Baustoffklasse A (nichtbrennbar)
  - A 1 (nichtbrennbar)
  - A 2 (geringer Anteil brennbarer Stoffe)
- Baustoffklasse B (brennbar)
  - B 1 (schwerentflammbar)
  - B 2 (normalentflammbar)
  - B 3 (leichtentflammbar)

Es ist jedoch zu beachten, dass die Einstufungen nach leicht-, normal-, und schwerentflammbar unter den sog. Normalbedingungen durchgeführt wird und diese sind:

1. 21 Vol.-% Sauerstoff,

2. 21 °C Raumtemperatur und Temperatur des Prüfgegenstands,

3. geringe bis keine Windgeschwindigkeit (gemessen in m/s, z.B. < 0,2 m/s),

4. Luftdruck, wie er in Mitteleuropa üblich ist (d.h. ca. 1.000 hPa),

5. geringe bis keine Wärmestrahlung (gemessen in W/m^2),

6. übliche relative Luftfeuchtigkeit (rel. Feuchte in %, relativ zur Temperatur),

69

7. Aggregatszustand, d.h. Relation der Oberfläche zum Volumen – denn viele Stoffe können aufgrund des Aggregatzustands ihre brandtechnischen Eigenschaften extrem verändern (z.B.: Feiner Holzstaub kann explosiv sein, Holzwolle ist leichtentflammbar, ein Holzspan ist normalentflammbar, eine Tischplatte aus Holz jedoch ist schwerentflammbar).

Wenn einer dieser Punkte nach oben oder unten abweicht, kann ein Gegenstand entweder wesentlich schneller und wesentlich heißer abbrennen, oder aber er brennt langsamer, weniger schnell, weniger heiß oder überhaupt nicht mehr. So kann eine dicke Tischplatte aus Kunststoff oder Holz bei Raumtemperatur als schwerentflammbar eingestuft werden. Wird die Platte heiß, nähert sie sich der Einstufung „normalentflammbar", d.h. man kann die z.b. 150 °C Platte dann mit einem Zündholz entzünden und die Flamme bleibt bestehen, wenn man das Zündholz entfernt – was bei 80 °C nicht passieren würde. Wird die Platte mit einem Heißluftgebläse noch heißer gemacht, dann kann man sie sogar mit der Glut einer Zigarette entzünden und noch bei einigen °C mehr würde die Platte sich aufgrund der Eigentemperatur selbst entzünden.

Dies ist besonders bei der Auswahl von Isolationsmaterialien im Deckenbereich zu beachten: Gibt es im Raum bzw. in der Halle ein Stützfeuer, wird sich die Wärme von oben nach unten extrem unterschiedliche verteilen. Es kann an der Decke 500 °C heiß sein, am Boden jedoch lediglich 35 °C. Die Isolationsplatten an der Decke, so sie schwerentflammbar und nicht nichtbrennbar gewählt wurden, würden dann mit schneller Abbrandgeschwindigkeit auch ohne weitere Energiezufuhr abbrennen. Insofern sind Brandlasten auch dahingehend zu beurteilen, ob sie weiter oben oder weiter unten in einem Raum sind.

3.4 Zahlen und Fakten zu Bränden

Die folgenden Ursachen sind primär verantwortlich für Brände in Unternehmen:

– Fehlende Erst- und Folgeunterweisungen,

– unsachgemäßes Verhalten mit Brandlasten und Geräten,

– bewusstes Eingehen von Risiken (junge Mitarbeiter),

– unbewusstes Eingehen von Risiken aufgrund jahrzehntelanger Unfallfreiheit (ältere Mitarbeiter),

– Sorglosigkeit und Desinteresse,

– Zuständigkeit/Verantwortung wird nicht gesehen,

– Brandschutztüren sind nicht geschlossen,

– Anlagen werden nicht abgeschaltet,

– Mitarbeiter verhalten sich im Brandfall falsch,

– fehlende Abfallbeseitigung,

– Mitarbeiter wissen nicht, wie Feuerlöscher bedient werden,

– Mitarbeiter vertuschen brandgefährliche Situationen.

Wer die Auflistung dieser wenigen Punkte versteht, ernst nimmt und geeignete, effektive Gegenmaßnahmen im eigenen Unternehmen einleitet, wird große Erfolge haben. Die prozentuale Verteilung der Ursachen zu Bränden liegt, je nach Quelle (die Summe liegt oberhalb 100%, bedingt durch Mehrfachnennung; gemittelt aus verschiedenen Quellen):

– 20 – 50%: Brandstiftung (vorsätzlich/fahrlässig; eigene Mitarbeiter/betriebsfremde Personen)

– ≈ 20%: Blitzschlag (direkt, indirekt)

– 20 – 40%: Strom, elektrische Anlagen

– 10 – 50%: Falsches/fahrlässiges Verhalten

– ≈ 5%: Heizeinrichtungen (Strahler, Lüfter)

– ≈ 15%: Verfahrenstechnik

– ≈ 3%: Selbstentzündung (z.b. ölgetränkte Lappen)

Interessant sind die Feuerstatistiken verschiedener nationaler und internationaler Institutionen. Besonders aussagekräftig zeigen sich die Auswertungen von Feuerwehren und von Schadenversicherern, da hieraus oft abzuleiten ist, mit welchen Maßnahmen bzw. an welchen Stellen Schäden zu verhüten gewesen wären. Da nahezu alle Unternehmen gegen Feuer und Feuer-Betriebsunterbrechung versichert sind und da ebenfalls nahezu alle größeren Brände von den Feuerwehren bekämpft werden, können die Schadenstatistiken des Verbandes der Schadenversicherer e.V. in Köln und die der Feuerwehren als maßgebend bezeichnet werden.

Die Aufwendungen für Feuerschäden steigen ständig an; dies liegt zum einen an der zunehmenden Wertkonzentration je Flächeneinheit in Lagern und Produktionsstätten, auch bedingt durch die hohen monatlichen Miet- und Unterhaltungskosten je Quadratmeter.

Da die Kosten für Feuerschäden über die Jahre ständig ansteigen und die Absolutzahl der Schäden ebenso abnimmt, ist ersichtlich, dass die Durchschnittskosten je Schaden zunehmen. Die Gründe hierfür sind Wertsteigerungen, komplexer werdende Produktionsstraßen, Wertkonzentrationen auf kleinstem Raum und geringere Lagerhaltung, woraus nach Betriebsunterbrechungen schneller höhere Betriebsunterbrechungskosten resultieren.

Durch Wald-, Wiesen-, Feld- und Flächenbrände werden nicht nur ökologisch wertvolle und wichtige Lebensgrundlagen für viele Jahre vernichtet, sondern es entstehen auch immense Umweltschäden durch die vielen Rauchgase, die Wärmebildung und die Tötung von unzähligen Tieren; auch unter volkswirtschaftlichen Aspekten ist jeder Flächenbrand schädigend.

Der Verband der Schadenversicherer gilt als Dachorganisation der in Deutschland aktiven Versicherungen. Regelmäßig erfasst der VdS die ihm von den Versicherungen gemeldeten Schäden nach Schadenart, Schadenursache und Schadenhöhe. Im nachfolgenden finden sich weitere aktuelle Zahlen des VdS. Bei der Interpretation dieser Daten ist jedoch zu beachten, dass die Anzahl der Schäden nicht mit der Anzahl der tatsächlich stattgefundenen Brände übereinstimmt. Dies hat unterschiedliche Ursachen: Zum einen sind nicht alle Brände versichert und werden demzufolge auch nicht in diesen Statistiken erfasst. Auch führt ein Großbrand in einem großen Industriebetrieb eventuell zu mehreren Schäden. Dann ist auch noch zu berücksichtigen, dass sich große Versicherungssummen auf mehrere Versicherungsunternehmen aufteilen. Im Privatbereich ist es z.B. auch möglich, dass ein Mietshaus niederbrennt und dieser Schaden sowohl den Gebäudebesitzer und dessen Gebäudeversicherung, als auch die Mieter mit ihren Hausratversicherungen betrifft. Auch werden Überspannungsschäden und Blitzschlagschäden statistisch als Feuerschäden erfasst.

Durch Brandstiftung entstehen ungefähr die doppelten Schadenaufwendungen als Schäden; dies ist auch verständlich, wenn man bedenkt, dass Brandstiftung vorsätzlich geschieht und die Täter sich Stellen aussuchen, wo viele brennbare Materialien oder besondere Werte vorhanden sind; auch entzünden Brandstifter oft an mehreren Stellen gleichzeitig Brände. Die Brandgefahr durch elektrischen Strom wird oft unterbewertet; sie liegt mit fast 1/5 aller Schadenzahlungen jedoch auf einem vorderen Platz. Sorgsames Umgehen mit elektrischen Geräten und die regelmäßige Überprüfung und Instandsetzung der gesamten elektrotechnischen Anlage könnte diese Zahl verringern. Explosionen sind meist nur durch individuelle verfahrenstechnische Maßnahmen verhinderbar. Offenes Feuer ist meist unnötig und sollte bzw. muss an brandgefährlichen Stellen verboten werden. Handwerker im eigenen Haus und vor allem Fremdarbeitskräfte gehen mit Schweißbrennern, Trennschleiffern oder Lötgeräten oft nicht so sorgfältig um, wie es die gesetzlichen Bestimmungen verlangen. Deshalb ist die Einführung eines Erlaubnisscheins für feuergefährliche Arbeiten eine äußerst effektive Maßnahme, diese Brandgefahr zu minimieren. In einem skandinavischen Land konnten die Schadenkosten durch diese Brandursache damit um weit über 50% reduziert werden.

Aufgrund des Vorhandenseins von vielen brennbaren Stoffen in Kombination mit oft nicht ausreichenden oder nicht vorhandenen brandschutztechnischen Trennungen entstehen bei Brandstiftungen unverhältnismäßig große Schäden an landwirtschaftlichen Anwesen. Gleiches gilt sinngemäß für die elektrotechnischen Anlagen: Kurzschlüsse in Melkanlagen, auf Holz genagelte Leitungen und sicherheitstechnisch bedenkliche Leitungsverbindungen, selbst installierte Sicherungskästen und die Überlastung von Stromleitungen führen zu Bränden an den elektrischen Anlagen, die zu vielen und großen Schäden in den Stallungen führen.

Aussagekräftig und lehrreich für effektive Vorsorge- und Gegenmaßnahmen ist auch die nachfolgende Hintergrundinformationen über erkannte Brandstifter: 87% sind zur Tatzeit betrunken. Daraus lässt sich folgern, dass meist mit wenig Professionalität an die Tat herangegangen wird – derartige Anschläge wären leichter zu verhindern bzw. einzugrenzen als die Attentate von professionell und planend vorgehenden Tätern. Die Zahl der Brandstiftungen ist mit jährlich ca. 20.000 in Deutschland seit Jahren relativ konstant, aber leicht schwankend und dabei permanent geringfügig zunehmend.

Schutzkosten gegen die Gefahr „Brand" entstehen präventiv durch das Aufstellen von Feuerwehren und dem Abschluss von Versicherungsverträgen. Die Kosten zum Unterhalt der öffentlichen Feuerwehren (Berufsfeuerwehren, freiwillige Feuerwehren) liegen zwischen 0,09% vom Bruttoinlandsprodukt (Dänemark) und 0,3% (Japan), im Durchschnitt bei 0,2%. Für Versicherungsschutz gegen Feuer reichen die Kosten in den verschiedenen erfassten Ländern der Welt von 0,01% des Bruttoinlandsprodukts (Ungarn) bis 0,28% (Belgien), im Durchschnitt liegen sie bei 0,11%.

Unternehmer und Hausbesitzer investieren weltweit in den Brandschutz ihrer Gebäude. In Großbritannien liegen diese Kosten für bauliche und technische Brandschutzmaßnahmen bei ca. 1% der Anschaffungssumme von Wohnhäusern und reicht bis 7% der Anschaffungssumme von Industriegebäuden und in den USA liegen diese beiden Prozentsätze bei 2,5 und 12%.

426 von den Berufsgenossenschaften ausgewertete Staubexplosionen in den unterschiedlichen Industriebereichen brachten eine Verteilung gemäß der nachfolgenden Auflistung (Zahlen gerundet):

- 20% Silos, Bunker

- 17% Entstaubungsanlagen, Abscheider

- 13% Mahl- und Zerkleinerungsanlagen

- 10% Förderanlagen

- 8% Trockner

- 5% Feuerungsanlagen

- 5% Mischanlagen

- 5% Schleif-, Polier- und Mattiermaschinen

- 3% Siebanlagen (Sichter)

- 1% Pulverrückgewinnungsanlagen

- 0,5% Wiegeanlagen

- 0,5% Walzen

- 12% Sonstige

Diese unterschiedlichen und zum Teil auch widersprechenden (da andere Schäden) Zahlen sollen helfen, in Unternehmen die möglichen Schwachstellen und Problembereiche vorab zu erkennen um Gegen- und Vorsorgemaßnahmen zu treffen, bevor Brand- oder Explosionsschäden eingetreten sind.

3.5 Betrieblicher Brand- und Explosionsschutz

Brände entstehen, wenn Brandlasten mit jeweils ausreichenden Zündquellen zusammen kommen und wenn ausreichend viel Sauerstoff in der Umgebungsluft vorhanden ist. So lange brennbare Gegenstände vorhanden sind und die Energie bzw. die Hitze groß genug ist – und es genügend Sauerstoff gibt (dieser kommt z.B. durch undichte Türen/Fenster oder zerplatzte Fensterscheiben herein), wird es weiter brennen. Die Brandtemperatur verteilt sich in einem Raum extrem unterschiedlich. Vergleichbar einer Sauna, die an der Decke über 100 °C haben kann, im Mittelfeld vielleicht 70 °C und am Boden selten mehr als 30 °C, ist es auch in einem Raum bzw. in einer Halle, wenn es dort brennt: An der Decke können

Temperaturen von bis zu 500 °C gemessen werden, in Gesichtshöhe vielleicht noch von 170 °C und in 40 cm Höhe lediglich noch Temperaturen von 25 – 40 °C. Diese geringen Temperaturen am Boden ermöglichen, dass man dort noch längere Zeit überleben kann; würde man aufstehen, wäre man in einem Sekundenbruchteil tot, denn Temperaturen weit oberhalb 100 °C hält kein Mensch aus. Hinzu kommt, dass es am Boden des Raums, in dem es brennt noch längere Zeit ausreichend viel Sauerstoff gibt und man hat hier noch meist eine gute Sicht. Weiter oben im Raum würde man keinen Sauerstoff mehr einatmen können, sondern lediglich tödlich heiße Rauchgase und die Sicht wäre dabei auf maximal 10 cm beschränkt mit dem Erfolg, dass der Orientierungssinn außer Funktion gesetzt wird. In solchen Situationen kann man selbst bekannte Räume nicht mehr verlassen, weil man nicht mehr erkennen kann, wo vorne/hinten, rechts/links und sogar wo oben/unten ist.

Brände weiten sich in einem Raum, Gebäude bzw. in einer Halle aus auf drei unterschiedliche physikalische Arten:

– Wärmeleitung (Medium: Metall, z.B. Gebäudekonstruktion, Krananlage),

– Wärmeströmung/Konvektion (Medium: Luft) und

– Wärmestrahlung (Medium: Luft/luftleerer Raum)

Brände werden begrenzt durch feuerwiderstandsfähige Wände und Türen und automatisch gelöscht durch Brandlöschanlagen, oder manuell durch die Feuerwehr.

3.5.1 Brandgefahren, Brandrisiken

Das Brandrisiko ist ein Produkt aus Eintrittswahrscheinlichkeit und Gefährdung, wobei hier nicht allein eine hohe Brandlast zu sehen ist. Neben der Anzahl und Menge brennbarer Stoffe sind die baulichen Gegebenheiten und die betrieblichen Brandschutzmaßnahmen zu berücksichtigen. Im Hinblick auf den Personenschutz ist dabei auch die Anzahl, die Verteilung und die Mobilität der Benutzer einer baulichen Anlage von Bedeutung. So ist z.B. das Brandrisiko in einem Wohnhochhaus genauso hoch wie in einem benachbarten Bungalow, allerdings ist aufgrund der hohen Personenzahl im Hochhaus, der langen vertikalen Rettungswege etc. zunächst ein höheres Gefährdungsrisiko gegeben. Diesem höheren Risiko wird durch detaillierte und verschärfende Bauvorschriften Rechnung getragen, in diesem Beispiel durch die Einschränkung brennbarer Baustoffe beim Hochhaus, kürzere Rettungsweglängen, höhere Anforderungen an Flurwände, Verbot offener Feuerstellen und viele weitere Vorschriften.

Vor allem Ladegeräte brennen außerhalb der Arbeitszeiten häufig; sie müssen mindestens 2,5 m frei von Brandlasten gehalten werden.

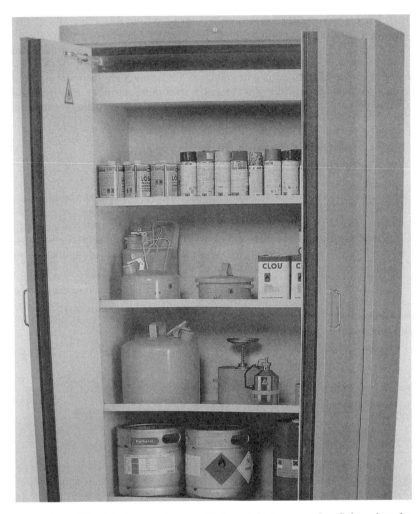

Brennbare Flüssigkeiten und Gase dürfen nicht in normalen Schränken für brennbare Feststoffe gelagert sein; hier muss es eigene Lagerschränke und/ oder auch eigene Lagerräume geben.

Im Wesentlichen wird in den einzelnen Sonderbau-Vorschriften wie Geschäftshaus-Verordnung, Versammlungsstätten-Verordnung, Garagen-Verordnung etc. dem mit der Nutzung verbundenen höheren Risiko durch verschärfende Vorschriften Rechnung getragen. Die Brandlast allein, also die Summe aller brennbaren Stoffe (angegeben als Heizwert) im Raum bezogen auf die Grundfläche, ist kein abschließendes Kriterium für die Brandsicherheit. Beispielhaft ist ein enger Treppenraum mit einer (zulässigen) stabilen Holztreppe zu nennen, wo der Bereich als Treppenraum ein hohes Maß an Sicherheit gewährleistet und dennoch über eine gewisse Brandlast verfügt, dargestellt durch die brennbaren Baustoffe der Treppe.

3.5.2 Explosionsfähige, brennbare und brandfördernde Stoffe

Man muss unterscheiden, ob man feste Stoffe (die meist brennbar sind), brennbare Flüssigkeiten oder Gase lagert. Bei den Gasen ist es weitgehend egal, ob sie brennbar, nicht brennbar oder brandfördernd sind; Gase und Gasflaschen stellen immer eine Gefährdung dar. Bei den Flüssigkeiten muss man noch überprüfen, ob sie giftig oder umweltgefährdend sein können – je nachdem, sind weitere Maßnahmen nötig.

Grundsätzlich gilt, dass man Gase, brennbare Flüssigkeiten und brennbare feste Stoffe nie zusammen lagert, sondern in jeweils eigenen Gefahrenbereichen. Die Lagerung brennbarer Flüssigkeiten ist dann korrekt, wenn die folgenden Punkte eingehalten werden:

– Die Vorgaben der Technischen Regel brennbarer Flüssigkeiten (TRbF) werden eingehalten.

– Die Vorgaben der BGV A 1/GUV – VA1 werden eingehalten.

– Die Lagerung erfolgt in feuerbeständigen, eigenen Räumen.

– Verboten ist die Lagerung grundsätzlich im Arbeitsraum, Flur, Dachstuhl, Keller, Treppenhaus oder Durchgang.

– Lagern am Arbeitsplatz ist dann möglich, wenn dies in zugelassenen Schränken erfolgt (Feuerwiderstandsdauer 90 Minuten, selbstschließend, entlüftet, max. 1 m^3 Volumen).

– Maximal darf der Schichtbedarf am Arbeitsplatz bereitgestellt werden.

– Die Lagerbereiche sind zu kennzeichnen.

– Brennbare Dämpfe sind immer schwerer als Luft, d.h. die Absaugung muss in Bodennähe erfolgen; dann sind die Dämpfe an einer nicht gefährdenden Stelle ins Freie zu geben.

– Die Einstufung der Lagerräume wie folgt: Wird ausschließlich gelagert, so gilt die EX-Zone 2; wird auch umgefüllt, so gilt die EX-Zone 1.

- In beiden EX-Zonen herrscht Rauchverbot.
- Die EX-Zone 1 benötigt auch explosionsgeschützte elektrische Anlagen und Geräte (Lichtschalter, Beleuchtungsanlagen).
- Das Betreten muss verboten sein. Dies ist erstens auszuschildern und zweitens muss es auch mechanisch verwehrt werden, d.h. diese Bereiche sind abzuschließen.
- Gefahren sind auszuschildern.

Für die Lagerung von Gasen gilt:

- Ideal wäre es, wenn sie im Freien in sicherem Abstand zu Gebäuden und von der öffentlichen Straße aus nicht einsehbar gelagert werden.
- Die Lagerung mus in feuerbeständige Räume erfolgen, deren Türen schlagen in Fluchtrichtung nach außen auf und diese Räume sind ausschließlich vom Freien aus zugänglich.
- Nicht erlaubt ist die Lagerung im Keller (der Boden darf nicht tiefer als 1,5 m zum Erdreich vor dem Gebäude sein), im Dachraum, in Fluren oder im Treppenraum sowie in Arbeitsräumen.
- Es muss eine permanente Be-/Entlüftung geben.
- Auf die Brandgefahr und entsprechende Verbote (Zutrittsverbot, kein Feuer) ist durch Ausschilderung und mündliche Information hinzuweisen.
- Der Zugang muss verwehrt werden.
- Der Raum darf nicht anderweitig genutzt werden.
- Ggf. sind Gassensoren anzubringen.
- Ggf. sind EX-geschützte Stromanlagen installieren.
- Anders als bei brennbaren Flüssigkeiten, deren Dämpfe immer schwerer als Luft sind, können brennbare Gase leichter (H_2, CH_4), schwerer (C_3H_8, C_4H_{10}) oder gleich schwer wie Luft (CO) sein. Insofern muss man hier oben und unten, möglichst jedoch über die gesamte vertikale Höhe des Lagerraums absaugen bzw. das Entweichen ermöglichen.

*Es ist nicht erlaubt, Abfall und sonstige brennbaren Gegenstände so gefähr-
dend vor einem Gebäude abzustellen. Brennt es hier, würde das Unternehmen wohl auf den Kosten sitzen bleiben.*

Brennbare feste Stoffe sind am besten in einem Lager untergebracht, oder
im Freien in sicherem Abstand. Brennbare Flüssigkeiten gehören in ein
ebenerdiges Gefahrstofflager, in dem es einige Maßnahmen zum Brand-
und Explosionsschutz gibt. Gase sind, unabhängig ob brennbar oder nicht
oder ob es ein brandförderndes Gas ist und auch unabhängig von ihrem
Gewicht am besten im Freien, in gut vor Blicken und vor Zugriff geschützten Bereichen untergebracht.

In Hochregallagern gibt es extreme Wertkonzentrationen; dort dürfen keine unnötigen Zündquellen vorhanden sein und der Schutz mit Rauchmeldern und Sprinkleranlage ist obligatorisch.

In Produktionsbereichen dürfen nur so viele Brandlasten bereitgestellt werden, wie es zum Fortgang der Arbeit nötig ist; größere Mengen sind in eigenen Lagerräumen aufzubewahren.

4. Die Gliederung des Brandschutzes

Der Brandschutz unterteilt sich grundsätzlich in vorbeugenden und abwehrenden Brandschutz. Der vorbeugende Brandschutz untergliedert sich in bauliche, anlagentechnische und organisatorische Maßnahmen.

	Baulich	Anlagentechnisch	Organisatorisch
Vorbeugender Brandschutz	Nichtbrennbare Baustoffe	Arbeitsverfahren wählen (z.B. Folienwickeln statt Schrumpfen)	Mitarbeiter schulen, sensibilisieren, auswählen
Abwehrend (Feuerwehr)	Feuerhemmende und feuerbeständige Wände/Türen	Brandmeldeanlage, Brandlöschanlage, Entrauchung	Mitarbeiter im Umgang mit Feuerlöschern schulen

Beim Brandschutz gibt es im Gegensatz zum Explosionsschutz keine Prioritäten, keiner der oben aufgeführten Punkte kann einen anderen Bereich ersetzen oder überflüssig machen. Ganz anders ist das im Explosionsschutz: Explosionen entstehen, wenn brennbare Gase, Dämpfe oder Stäube gezündet werden. Im Gegensatz zum Brandschutz gliedert sich der Explosionsschutz wie folgt:

– Primärer EX-Schutz (Zündfähige Atmosphäre verhindern, d.h. die EX-Gefahr ist zu 100% beseitigt, man muss nichts weiter in Richtung Explosionsschutz unternehmen);

– Sekundärer EX-Schutz (Potenzielle Zündquellen verhindern, weil man den primären Explosionsschutz, nämlich das Verhindern des Entstehens einer explosionsfähigen Atmosphäre nicht verhindern kann);

– Tertiärer EX-Schutz (Explosionen in Absaugvorrichtungen oder Reaktorkesseln unterdrücken, löschen, den Explosionsdruck ableiten).

Primär bedeutet demnach, dass diese Maßnahmen primär wichtig sind – diese Maßnahmen zu 100% umgesetzt bedeutet, dass es zu keiner Explosion (Vorsatz ausgeschlossen) kommen kann. Wird der primäre Explosionsschutz zu 100% umgesetzt, ist in Richtung Explosionsschutz nichts weiter zu unternehmen. Wenn das aber nicht geht, werden sekundäre Explosionsschutzmaßnahmen nötig. Funktionieren diese zu 100%, ist der Explosionsschutz beendet – andernfalls greifen die tertiären Explosionsschutzmaßnahmen.

4.1 Organisatorischer Brandschutz

Dem organisatorischen Brandschutz kommt eine wesentliche Bedeutung zu, weil das richtige, das vorsichtige und das sicherheitsbewusste Verhalten der Mitarbeiter von entscheidender Bedeutung ist, ob es zu Bränden kommt oder nicht. Insofern ist das brandschutzbewusste Schulen und Sensibilisieren der Vorgesetzten und aller Mitarbeiter die wohl wichtigste Aufgabe des Brandschutzbeauftragten. Nur wenn alle wissen, wie man sich präventiv zu verhalten hat und dies auch tut, ist der Brandschutz optimal. Ebenso müssen alle Mitarbeiter mit Löschern umgehen können und über Löschmittel Bescheid wissen, um bei einer Brandentstehung auch gleich effektiv dagegen vorgehen zu können.

4.1.1 Die Brandschutzordnung A, B und C

Brandschutzordnungen werden erstellt nach den Vorgaben der DIN 14096 (Teile A, B und C). Der Brandschutzbeauftragte hat dafür zu sorgen, dass sie aktuell gehalten und beachtet wird. Die Brandschutzordnung ist informativ, möglichst kurz und sie sollte stichpunktartig auf bestimmte Verhaltensregeln hinweisen. Es sollte so wenig wie möglich, aber so viel wie nötig in der Ordnung stehen. Wenn ein Unternehmen unterschiedliche Abteilungen hat, so mag es sinnvoll sein, auch unterschiedliche bzw. teilweise abweichende Inhalte in die Brandschutzordnung einzugeben. Solche Bereiche können sein: Kantine, Produktionsbereiche, Lagerung, EDV-Bereich. F+E, Außendienstler, Handwerker und Monteure auf fremden Baustellen.

Eine Brandschutzordnung besteht aus den Teilen A, B und C. Teil A ist lediglich ein Aushang, der in praktisch allen Unternehmen identisch ist. Der Teil B ist eine schriftliche Ausarbeitung, die individuell für das Unternehmen erstellt worden ist. Teil B richtet sich an Personen, die sich nicht nur vorübergehend in einem Gebäude befinden – also alle Mitarbeiter, nicht aber die Besucher. Der Teil A indes ist als Aushang für alle Personen gedacht, die sich in einem Gebäude befinden.

Teil C regelt die Aufgaben für Personen, die in Notsituationen wie Bombendrohungen oder Brände oder andere gefährliche Situationen besondere Aufgaben haben. Hierfür sind besonders Personen geeignet, die Ersthelfer sind oder die bei der Freiwilligen Feuerwehr Mitglied sind.

Durch eine gelebte Brandschutzordnung wird sowohl die Brandentstehungswahrscheinlichkeit, als auch die Brandschadenhöhe je Schadenfall verringert, beides wirkt sich positiv auf die Risikominimierung aus. Zu einer Brandschutzordnung gehört jedoch mehr als das einmalige Erstellen, eine Brandschutzordnung unterliegt Änderungen und muss regelmäßig angepasst werden.

Man kann sich die durchaus anwendbare, praxisbezogene DIN 14096 besorgen, die vorgibt, nach welchem Schema eine Brandschutzordnung zu erstellen ist. Darüber hinaus kann man auch eine sog. Hausordnung erstellen, die für betriebsfremde Personen gilt und ihnen ausgehändigt wird. Auch der Feuerversicherer kann zur Erstellung von Brandschutzplänen (VdS 2030) und Brandschutzordnung Informationen kostenfrei zur Verfügung stellen.

Es gilt für die Brandschutzordnung, dass sie so umfangreich wie nötig, aber so kurz wie möglich gehalten werden soll. Somit hat man die Chance, dass die Mitarbeiter sie auch einmal durchlesen. Dennoch ist für ein komplexes Produktionsunternehmen mit all seinen ebenfalls wichtigen Nebenbereichen (z.B. Haustechnik, EDV, Strom, Verwaltung, Lager, Klima) natürlich eine umfangreichere Brandschutzordnung zu erstellen als für ein reines Verwaltungsunternehmen.

Die Brandschutzordnung regelt z. B. im Lager, dass die Ladestation direkt am Lagergut aufgestellt wird.

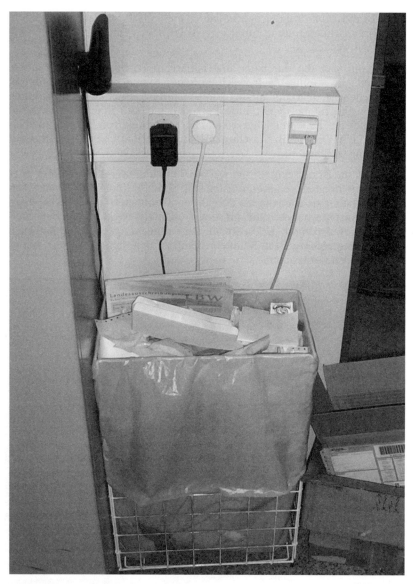

Ungeeigneter Abfallbehälter (da zu klein, der Abfallkarton steht daneben, seitlich offen und mit brennbarer Tüte versehen) und unter elektrischer Zuleitung mit Steckdose und Trafo ungünstig abgestellt.

Eine Brandschutzordnung nach DIN 14096 gliedert sich in drei Teile:

A) Aushang (Verhalten im Brandfall); dieser Aushang sollte eine Seite umfassen, er kann Bestandteil eines Fluchtplans sein oder aber am schwarzen Brett aushängen. Darauf ist das Verhalten im Brandfall vermerkt:

- Ruhe bewahren,

- Brand melden (Tel.-Nr. 1 12 oder 01 12 und/oder interne Nummer),

- Menschen warnen.

- Rettungsversuch unternehmen:

  - Behinderte retten,

  - Türen schließen, aber nicht abschließen.

  - keine Aufzüge benutzen,

  - auf die Fluchtwegebeschilderung achten (1. und 2. Fluchtweg),

  - auf Anweisungen achten.

- Löschversuch unternehmen:

  - Handfeuerlöscher benutzen,

  - Wandhydrant (sofern vorhanden) benutzen.

B) Schriftliche Ausarbeitung, die allen Mitarbeitern/innen überreicht und vorgestellt wird. Sie sind darin zu schulen.

C) Schriftliche Ausarbeitung für Mitarbeiter, die im Normalfall und im Brandfall besondere Aufgaben haben.

Folgende Vorschläge werden zum Inhalt vom Teil B gemacht:

- Handfeuerlöscher und Wandhydranten dürfen nicht verstellt werden.

- Jeder muss sich in seinem Bereich korrekt, ordentlich und sauber verhalten.

- Die Arbeitsbereiche sind aufgeräumt zu halten.

- Private Elektrogeräte zu betreiben ist nur nach Freigabe der Firmenleitung erlaubt.

- Themen wie Fluchtwege oder Löscharbeiten sollten nicht erst durchdacht werden, wenn es bereits brennt.

- Jeder Mitarbeiter ist für sein Tun und Unterlassen voll verantwortlich.

- In Fluren, Gängen und Treppenhäusern darf nichts abgestellt werden.

- Handfeuerlöscher sind nur bei Entstehungsbränden, nicht bei größeren Bränden oder bei starker Rauchbildung einzusetzen.

- Bei Gerätebränden sollen – wenn verfügbar Löscher – mit CO_2 (Kohlendioxid) verwendet werden, bei Bränden von „normalen" Feststoffen Wasserlöscher oder Schaumlöscher.

- Bestehende und ausgeschilderte Rauchverbote sind unbedingt einzuhalten.

- Alle elektrischen/elektronischen Anlagen und Geräte sind entsprechend den jeweiligen Betriebsanweisungen zu betreiben.

- Nach Beendigung der Arbeit ist täglich zu überprüfen, ob alle benötigten Elektrogeräte ausgeschaltet sind und ob auch sonst keine Brandgefahr mehr besteht.

- Offenes Licht und Kerzen sind am Arbeitsplatz prinzipiell verboten.

- Zigarettenreste sind in die dafür eigens bereitgestellten, nichtbrennbaren, geschlossenen Abfallbehälter zu entleeren.

- Brennbare Flüssigkeiten (auch Reinigungsflüssigkeiten) sowie Sprühdosen dürfen nicht ohne Zustimmung des Vorgesetzten eingebracht, verwendet und gelagert werden.

- Brennbare Abfälle sind entsprechend den Anordnungen zu entsorgen.

- Sicherheitskennzeichnungen dürfen nicht verhängt, verändert, entfernt oder anders unkenntlich gemacht werden.

- Feuergefährliche Arbeiten dürfen nur mit Zustimmung des Vorgesetzten durchgeführt werden.

- In unterirdischen Etagen dürfen brennbare Flüssigkeiten und Gase grundsätzlich nicht gelagert werden.

- In der EDV sind besondere Vorsichts- und Schutzmaßnahmen nötig:

  - nur CO_2-Handfeuerlöscher einsetzen,

  - Abfälle hier nie lagern,

  - auf Fehler anderer achten,

  - allgemein auf Missstände achten und diese abstellen, verhindern oder melden,

  - keine Lebensmittel und keine Getränke in die EDV-Räume mitbringen,

– auf den Geräten nichts abstellen oder ablegen,

– Schränke immer geschlossen halten,

– auf eine Minimierung der Brandlasten achten,

– mögliche Zündquellen vermeiden.

– Es sind Fluchtwege, Flächen für die Feuerwehr und Sammelplätze in der Brandschutzordnung aufzuführen sowie der Ort von Telefonen oder Feuermeldern, Wandhydranten, Handfeuerlöschern und ggf. weiteren brandschutztechnischen Einrichtungen.

– Verrauchte Bereiche sollten gebückt oder sogar kriechend verlassen werden.

– Im Brandfall soll überlegt vorgegangen werden: Eine Menschenrettung ist immer wichtiger als die Brandbekämpfung oder die Brandmeldung.

– Wer Brände meldet, soll am Telefon ruhig und deutlich folgendes sagen und auf Rückfragen warten:

– Eigenen Namen nennen,

– Namen der Firma nennen,

– exakte Anschrift (Strasse, Nummer, ggf. Stadt) nennen,

– schildern, was der eigenen Meinung nach passiert ist,

– angeben, wie groß das Ausmaß ist,

– exakt sagen, wo es passiert ist (z.B. im 2. Untergeschoss).

– Die Bedeutung der diversen akustischen und optischen Warnsignale wird beschrieben.

– Die weisungsbefugten Personen werden genannt.

– Wenn Gänge, Flure, Ausgangsbereiche oder Treppenhäuser schon stark verraucht sind, ist es oft sinnvoller und weniger lebensbedrohlich, wenn man in den Räumen wartet und die Türen schließt als wenn man durch den Rauch läuft (über 95 % aller Brandtoten sind Rauchtote).

– Ein Löschversuch sollte möglichst nicht alleine, sondern zu zweit unternommen werden. Dabei sind mehrere Feuerlöscher einzusetzen.

– Die Anweisung, wie Handfeuerlöscher eingesetzt werden, sollte enthalten sein, sie ist vom Lieferanten der Feuerlöscher, aber auch vom Feuerversicherer kostenfrei erhältlich.

- Falls noch möglich sollten wertvolle Arbeitsmittel, Datenträger usw. bei der Räumung mitgenommen werden.

- Die Räume sollten möglichst geordnet, ruhig aber zügig verlassen werden.

- Wenn es sinnvoll ist, sollen Anlagen abgeschaltet, Maschinen still gesetzt, Ventile geschlossen, elektrische Anlagen stromlos geschaltet und Laufbänder abgeschaltet werden.

- In Küchen ist auf das richtige Löschmittel zu achten, es sollte kein Wasser auf brennende Pfannen oder Friteusen gespritzt werden.

Der Teil C der Brandschutzordnung beschreibt, dass bestimmte Mitarbeiter, die besonders sensibilisiert und geschult sind, besondere Aufgaben übernehmen. Dies gilt sowohl im normalen Betrieb als auch im Brandfall. Diese Mitarbeiter kennen einige Brandschutzmaßnahmen mehr als andere und achten auf deren Einhaltung in ihrem Arbeitsbereich. Verstöße gegen Vorschriften müssen diese Mitarbeiter nicht unbedingt abstellen aber melden. Im Brandfall haben diese Mitarbeiter weitere Aufgaben:

- Ohne das eigene Leben unnötig zu gefährden, stehen sie für eine geordnete Gebäuderäumung zur Verfügung,

- Sie können der Feuerwehr Fragen beantworten,

- Sie können die Mitarbeiter auf die Sammelplätze hinweisen,

- Sie müssen Brandschutztüren und -tore schließen,

- Sie müssen noch laufende Anlagen abschalten,

- Sie müssen alle Räume in ihrem Bereich soweit möglich auf noch anwesende Personen überprüfen,

- Sie schalten evtl. EDV-Anlagen und die Klimatisierung ab, bedienen den Not-Aus-Schalter,

- Sie müssen RWA-Anlagen aktivieren,

- Sie haben Rauchschürzen zu bedienen,

- nach dem Eintreffen der Feuerwehr stehen sie für deren Fragen zur Verfügung,

- Brandschutz-Helfer nach Teil C der Brandschutzordnung kennen die wesentlichen organisatorischen Brandschutz-Vorschriften und melden selbständig im normalen Betrieb Verstöße bzw. stellen sie selbständig ab,

- Brandschutz-Helfer können mit Handfeuerlöschern gut und sicher umgehen,

- Brandschutz-Helfern fällt auf, wenn Hinweisschilder verändert oder entfernt wurden und sie leiten die erneute Anbringung ein,

- Brandschutz-Helfer weisen Kollegen freundlich, aber bestimmt auf brandschutztechnische Verstöße hin (wie z.b. Kippen in Restmüll werfen),

- Brandschutz-Helfer lösen ggf. manuelle Löschanlagen oder Handfeuermelder aus,

- Brandschutz-Helfer schließen Löschwasser-Rückhaltevorrichtungen,

- Brandschutz-Helfer achten darauf, dass keine Schaulustigen sich selbst oder Dritte gefährden oder die Feuerwehr behindern,

- Brandschutz-Helfer haben Übersichtspläne und ggf. Schlüssel oder Magnetkarten, damit sie der Feuerwehr Türen öffnen und den Weg weisen können,

- Brandschutz-Helfer achten nach einem erfolgreichen Einsatz der Feuerwehr darauf, dass es nicht zu einer Rückzündung kommt,

- Brandschutz-Helfer wissen von den Rauchgefahren und bewahren andere vor der eigenen Unwissenheit, wenn diese sich fahrlässig in Gefahr begeben,

- Brandschutz-Helfer melden, wenn Rauch- oder Brandschutztüren bzw. deren Ansteuer-Mechanismen defekt sind oder wenn die Prüffristen überschritten sind,

- Brandschutz-Helfer haben meist eine Ausbildung in Erster Hilfe,

- Brandschutz-Helfer haben Namen und Telefonnummern von mindestens folgenden Personen/Institutionen parat:

  - Feuerwehr

  - Brandschutzbeauftragter

  - Werkleitung

  - Vertretung

  - Sicherheits-Fachkraft

  - Betriebsrat

  - weitere wichtige Mitarbeiter

- technische Mitarbeiter der Betriebsunterhaltung (Gas, Wasser, Heizung, Klima, Druckluft)
- Betriebsarzt
- Polizei
- Rotes Kreuz
- nächstes Krankenhaus
- zuständiger Arzt
- Gaswerk
- Wasserwerk
- Technisches Hilfswerk
- Telefon-Stördienst
- Elektrizitätswerk
- Feuerversicherungen

Vor allem in Unternehmen, wo besonders viele fremde und damit orts- und verhaltensunkundige Personen anwesend sind, fallen viele bis alle Mitarbeiter in die Kategorie „C". Zum Beispiel müssen Verkäuferinnen in einem Kaufhaus im Falle eines Brands oder einer Bombendrohung sich besonders um die vielen Kunden kümmern und dürfen nicht als erste davon laufen. Andererseits braucht man für eine Industriehalle nur wenige C-unterwiesenen Personen.

Darüber hinaus haben Unternehmen nach der BGV A 1 einen Alarmplan aufzustellen. Hier ist gefordert, dass die Mitarbeiter die nachfolgenden Informationen erhalten.

- Externe Telefonnummern von:
  - Polizei
  - Feuerwehr
  - Krankenhaus
  - Störfällen
  - Sabotage/Streik
- interne Telefonnummern von:
  - Vertriebsleiter
  - Bereichsleiter

– Abteilungsleiter

– Sicherheitsfachkräften

– Informationen für Sofortmaßnahmen bei Unfällen und Bränden:

– Anbringungsort vom nächsten Erste-Hilfe-Kasten bzw. vom Verbandskasten

– zuständiger Arzt

– zuständiges Krankenhaus

– Lage vom elektrischen Hauptschalter, von Unterverteilungen und von Sicherungsschränken sowie von Not-Aus-Schaltern

– Lage von Gasschiebern

– Lage von Wasserschiebern

– Lage von Handfeuerlöschern und Wandhydranten sowie ggf. weiteren brandschutztechnischen Einrichtungen.

4.1.2 Brandschutz-Begehungen

In regelmäßigen Abständen hat der Brandschutzbeauftragte das Unternehmen und alle Teilbereiche abzugehen. Dabei sind Mängel aufzunehmen und Vorschläge zur Beseitigung zu erarbeiten. Es mag Mängel geben, wo man umgehend tätig werden muss, beispielsweise wenn ein Mitarbeiter im Gefahrstofflager raucht oder ohne Erlaubnisschein lötet. Was „regelmäßig" ist, entscheidet der Brandschutzbeauftragte selber. Sicherlich gibt es harmlosere Bereiche, die man nicht wöchentlich abgehen muss und andere, kritischere Bereiche, die man häufiger und regelmäßiger abgehen muss. Unter anderem auf die folgenden Punkte soll der Brandschutzbeauftragte bei Begehungen achten:

– Abfallregelung (Lagerung, Entsorgung, Trennung, Art und Material der Aufbewahrungsbehälter);

– Raucherverhalten;

– Kerzen, Gestecke;

– Fehlende Feuerlöscher;

– Freilagerung vor/an Gebäuden;

– Beleuchtungsanlagen (besonders gefährlich: Lampen und Trafos von Niedervoltleuchten und konventionelle Starter von Leuchtstofflampen);

- Brandgefährlichkeit von Arbeitsverfahren und verwendeten Materialien;

- Geisterschichten (d.h. Produktionsmaschinen arbeiten, ohne dass Personal anwesend ist);

- Filteranlagen (Brand- und Explosionsgefahr an/in Filteranlagen, Silos, Absauganlagen, verbunden mit der Problematik, dorthin leicht zu gelangen zum Löschen);

- Strom (Überprüfung der mobilen und immobilen elektrotechnischen Anlagen und Geräte, Freihalten von Schaltschränken, keine Brandlasten auf, vor, neben oder unter Sicherungskästen usw.);

- Heißarbeiten (Erlaubnisschein ausfüllen und alle Punkte, die darauf stehen vor, während und nach der feuergefährlichen Arbeit umsetzen);

- Heizungsanlagen (möglichst in eigenen Räumlichkeiten, feuerbeständig abmauern ist ab 50 kW Leistung vorgeschrieben);

- Elektrische Ladegeräte (möglichst in eigens dafür vorgesehenen Bereichen aufstellen, die mindestens feuerhemmend, rauchdicht und gut belüftet sind);

- Bauarbeiten (besondere Brandschutzmaßnahmen bei Um- und Neubauarbeiten realisieren);

- Fehlende Trennungen zwischen unterschiedlichen Unternehmensbereichen wie: Produktion (Holz, Kunststoff, Metall, Lackierung), Lager (Ausgangsteile, Fertigteile, Kartonagen, Kommissionierung, Gabelstapler, brennbare Flüssigkeiten, Gase), Reparaturbereiche, Gebäude- und Haustechnik, Büros und Verwaltung, EDV/RZ (Bedienter und unbedienter CPU-Raum, Technik, Druckerbereiche), Forschung/Entwicklung, Umkleide-/Duschbereiche, Kantine;

- Fehlende Zutrittskontrolle zum Firmengelände und/oder zu den einzelnen Gebäuden des Unternehmens bzw. Teilbereichen;

- u.a.m.

4.1.3 Gefährdungsanalysen erstellen

Um Gefährdungsanalysen in Richtung Brand- und Explosionsschutz erstellen zu können, muss man wie folgt vorgehen: Zunächst sind die potenziellen Brandlasten und Zündquellen qualitativ und quantitativ aufzulisten und natürlich auch die möglichen explosionsfähigen Stoffe. Im Anschluss ist zu werten, welche Gefahren bzw. Gefährdungen von diesen

Zündquellen ausgehen können. Liegt eine nach eigener Einschätzung erhöhte oder hohe Gefahr vor, so sind effektive technische, bauliche und/ oder organisatorische Gegenmaßnahmen zu treffen, deren Wirksamkeit ebenfalls bewertet werden muss. Wieder im Anschluss nach diesen Maßnahmen ist zu überprüfen, ob die verbleibende Restgefährdung akzeptabel ist oder ob weiterreichende Maßnahmen realisiert werden müssen. Hierbei sind auch inner- und außerbetriebliche Bedingungen zu berücksichtigen, von denen eine Gefährdung ausgehen kann oder die gefährdet werden können.

Um Brände zu vermeiden, geht man zweigleisig vor; zum einen greift man die Brandlasten an, zum anderen die Zündquellen und dies wie folgt:

Brandlasten in Unternehmen:

– Erkennen/erfassen (qualitativ und quantitativ)

– Klassifizieren (schwerentflammbar B1, normalentflammbar B 2 oder leichtentflammbar B 3)

– Entfernen

– Räumlich Trennen

– Kapseln

– Überwachen

– Automatisch Löschen

– Minimieren

– Substituieren

Zündquellen in Unternehmen:

– Erkennen/Erfassen

– Entfernen

– Räumlich Trennen

– Kapseln

– Überwachen

– Automatisch Löschen

– Minimieren

– Substituieren

Es gibt direkte und indirekte Zündquellen in Unternehmen; um eine Hilfe zu deren Auffindung zu geben, nachfolgend eine Auflistung:

Indirekte Zündquellen können sein:

- Elektrische Leitungen und Schaltschränke (Fehlerströme, Wackelkontakt, überlastete Leitungen, ...)
- Elektrische Funken (Schaltvorgang)
- Blitzeinschlag (direkt, indirekt)
- Statische Aufladung durch Reibung
- Feuergefährliche Arbeiten
- Zigaretten, Kerzen
- Wärmestrahlung (Sonne)
- Brandstiftung
- Fehlende Wartung

Direkte Zündquellen können sein:

- Elektrische Geräte (z.b. Trafos)
- Verfahrenstechnischer Vorgang
- Selbsterhitzung
- Wärmestau
- Heiße Oberflächen
- Chemische, physikalische oder biologische Reaktionen
- Mechanische Funken
- Reibung
- Wassereinbruch in Geräte
- Falsches Mischungsverhältnis in Reaktorkesseln
- Falsche Bedienung von Anlagen und Geräten

Darüber hinaus muss man sich im Rahmen der Gefährdungsbeurteilungen, aber auch aufgrund der Betriebssicherheitsverordnung Gedanken machen, wo explosive Stoffe vorhanden sein können und wenn ja, welche potenziellen Zündquellen es gibt. Explosive Stoffe können brennbare Gase sein, aber auch verdunstete brennbare Flüssigkeiten oder fein verteilte Feststoffe (Stäube). Zündquellen können u.a. elektrische Geräte sein, elektrostatische Aufladung, heiße Oberflächen oder feuergefährliche Arbeiten. Während brennbare und damit explosive Gase im Verhältnis zur Luft leichter (H_2, Methan), schwerer (Propan, Butan) oder genauso

schwer (Kohlenmonoxid) sein können, sind brennbare und damit explosive Dämpfe freisetzende Flüssigkeiten (Benzine, Spiritus) ausschließlich
in der Lage, schwerere Dämpfe als Luft zu erzeugen. Deshalb muss man
brennbare Dämpfe, die von Flüssigkeiten entstehen immer bodennah
durch explosionsgeschützte Anlagen absaugen – im Lager ebenso wie in
der Produktion. Die Ausbringöffnungen müssen „sicher" sein.

Ergibt die Gefährdungsbeurteilung, dass keine explosiven Stoffe vorhanden sind, ist der Explosionsschutz damit abgeschlossen; wenn nicht, müssen die sekundären Maßnahmen realisiert werden, nämlich alle potenziellen Zündquellen erkannt, erfasst und abgestellt werden.

Die Gefährdungsanalysen müssen schriftlich ausgeführt werden und alle
erkannten Gefahren sowie getroffene Gegenmaßnahmen enthalten; im
Anschluss stellt man schriftlich fest, wie hoch die verbleibenden Risiken
sind und welche technischen, baulichen und sicherlich primär organisatorischen Maßnahmen man vorschlägt, um Brände und Explosionen und
damit um Personengefährdungen zu vermeiden, zumindest jedoch zu
minimieren.

4.1.4 Brandschutztechnische Schulungen der Mitarbeiter

Der brandschutzgerechten Schulung aller Mitarbeiter fällt eine zentrale
Bedeutung zu, denn das korrekte Verhalten der Menschen im Unternehmen trägt entscheidend dazu bei, ob es zu Bränden und Unfällen kommt
und es hat auch Einfluss auf die Häufigkeit und die jeweilige Schwere.
Insofern ist die Schulung, das Sensibilisieren der Mitarbeiter von größter
Bedeutung. Diese Schulung muss vor Aufnahme der Tätigkeiten und
danach regelmäßig, mindestens jedoch einmal im Jahr erfolgen. Besonders
bei jungen Personen, insbesondere solchen, die nur vorübergehend im
Unternehmen arbeiten (Schüler, Studenten, Aushilfskräfte) ist es wichtig,
dass diese geschult und auch kontrolliert werden, denn gerade solche Personen verhalten sich oft gefährdend in Richtung Brand- und Arbeitsschutz
(für sich und andere).

Im Umgang mit Elektrogeräten sind die Mitarbeiter z.B. wie folgt zu informieren:

– Mitarbeiter über die Einsatzmöglichkeiten und -grenzen der verschiedenen Gerätschaften informieren, sensibilisieren und erklären, unter
   welchen Bedingungen (und manchmal auch: von wem) die Geräte eingesetzt werden dürfen;

- Geräte möglichst immer beaufsichtigt betreiben;
- Benutzung nur durch qualifizierte Mitarbeiter;
- Beim Verlassen des Raums bzw. Arbeitsende möglichst ausschalten, ggf. auch ausstecken;
- Dies zusätzlich nach Arbeitsschluss kontrollieren;
- Private Geräte zulassen nach Freigabe;
- Sichere Geräte verwenden;
- Geräte regelmäßig vom Fachmann prüfen lassen;
- Geräte arbeitstäglich von Benutzer visuell prüfen.

Optimal: Nichtbrennbare und wärmebeständige Fliese unter der Kaffeemaschine und unter dem Wasserkocher und außerhalb der Benutzung sind die Gerätschaften ausgesteckt.

Wenn Mitarbeiter private Elektrogeräte ins Unternehmen mitnehmen wollen, dann ist dies ausschließlich dann zulässig, wenn bestimmte Punkte erfüllt sind. Im Umgang mit privaten Elektrogeräten hier ein paar Hinweise:

- Für alle Mitarbeiter verbindliche Arbeitsanweisung erstellen;
- Grundlegend sind private Elektrogeräte nicht verboten;
- Bestimmte Geräte pauschal verbieten (z. B. Kühlschränke, Tauchsieder und mobile Heizplatte);
- Manche Geräte stellen: Kühlschrank, Kaffeemaschine, Herd, ...;
- Zentral/dezentral alle Geräte erfassen;
- Auf die GEZ-Problematik bei Radios ist schriftlich hinzuweisen und man muss sich die eigenverantwortliche Anmeldung von jedem Mitarbeiter schriftlich bestätigen lassen;
- Aus Brandschutzgründen evtl. keine netzstrombetriebenen Radios, sondern lediglich batteriebetriebene Radios erlauben (nicht jedoch in explosionsgefährdeten Zonen, denn dort können auch diese eine Explosion auslösen);
- Aufstellort vorgeben, auf Wärmestau/Brandüberschlag achten;
- Unter Kaffeemaschinen mit Wärmeplatte: Platte aus nichtbrennbaren Baustoffen, z. B. Fliese, drunter legen;
- Kaffee möglichst zentral kochen und nicht dezentral viele Kaffeemaschinen im Unternehmen dulden oder Kaffeemaschinen ohne Wärmeplatten stellen;
- Kaffeemaschinen mit Thermoskannen sind solchen mit Heizplatten vorzuziehen;
- In explosionsgefährlichen Bereichen keine Elektrogeräte aufstellen;
- Elektrotechnische Überprüfung (BGV A 3) durchführen lassen;
- Nach Arbeitsschluss ausschalten/ausstecken;
- Überprüfung des Ausschaltens;
- Dokumentation der Erfassung, Unterweisung und Überprüfung.

Man muss den Mitarbeitern die Brandschutzordnung vorstellen und zwar so, dass sie verständlich ist in Sprache und Inhalt. Dabei interessieren praxisbezogene Themen, keine abstrakt theoretischen, juristischen oder wissenschaftlichen Abhandlungen. Die Mitarbeiter sollen und müssen erfahren, wie man sich zu verhalten hat, was korrekt und was gefährlich bzw. verboten ist. Bei solchen Schulungen gibt es allgemeine und spezielle Teile. Allgemeine Themen betreffen alle Mitarbeiter, also z.B. Raucherverhalten, Umgang mit Elektrogeräten, wie man den Arbeitsplatz in Pausen oder abends verlässt usw. Spezielle Themen betreffen die einzelnen Arbeitsbereiche wie Kantine, EDV, Büro, Lager, Produktion, Werkstatt usw. Hier interessiert sich jeder primär für seinen Bereich und nicht für Belange, die ihn nicht betreffen.

Die Schulung der Mitarbeiter soll von einer Person durchgeführt werden, die auch weiß, worüber sie spricht. Wenn ein Vorgesetzter aus der Brandschutzordnung oder einem Gesetz vorliest oder die BGV A 1 zitiert, dann wird das Interesse der Zuhörer schnell bei Null sein. Deshalb ist der Brandschutzbeauftragte oder die Fachkraft für Arbeitssicherheit oder auch ein Mitarbeiter, der bei der Freiwilligen Feuerwehr Mitglied ist, besonders geeignet, den Unterricht zu halten. Oder man holt sich eine externe Person, die mittels moderner Technik (Beamer statt Folien) und auch Schauobjekten oder kleinen Brandversuchen im Raum mittels Kurzvideos für Interesse sorgt.

Die Schulung der Mitarbeiter sollte aus folgenden Teilen bestehen: Erstens vorstellen, was richtig ist, wie man sich zu verhalten hat. Zweitens vorstellen, was falsch und damit verboten ist und welche Konsequenzen das haben kann. Es kann z.B. zu Abmahnungen führen oder zu zivilrechtlichen Klagen und auch dazu, dass Versicherungen oder Berufsgenossenschaften eine Schadenzahlung verweigern. Ziel dieses Teils ist es zu motivieren, sich richtig – das heißt den Vorschriften entsprechend – zu verhalten. Drittens kann man mit Schadenschilderungen, mit Schauobjekten oder praktischen Versuchen, z.B. mit einer Demonstration der Funktionsweise eines Feuerlöschers Bewegung in die Sache bringen.

Wichtig bei den Schulungen ist der Praxisbezug und deshalb sollen die Mitarbeiter abteilungsweise geschult werden. Was interessiert sich der EDV-Leiter über den Küchenbrandschutz oder der Kommissionierer, der cin Folienschrumpfgerät korrekt bedienen mus für den Brandschutz in der Abteilung F+E? Ebenso interessiert es einen „normalen" Mitarbeiter nicht, ob ein Verbot in der ASF, der LBO, der BGV C 22 oder der VVB steht und ob es der Paragraph 1 oder der Artikel 12 ist. Man sagt einfach: „Es ist gesetzlich gefordert, dass …". So wird z.B. behördlich gefordert, dass sich Mitarbeiter weisungsgemäß verhalten und dass es einen weisungsberechtigten Koordinator geben muss, sobald Dritte im Unternehmen arbeiten – das steht in der BGV A 1. Dass man Arbeitsplätze brandsicher verlassen muss, steht in den ASF.

Neben den „normalen" Mitarbeitern sind auch die leitenden Mitarbeiter separat zu schulen. Ihnen ist mit auf den Weg zu geben, dass das Tolerieren von gefährlichen Situationen auf Kosten der Gesundheit oder des Brandschutzes juristisch nach einem Brand oder Unfall große Probleme bereiten kann und dem Unternehmen damit hohe Kosten entstehen. Vorgesetzte sind verantwortlich für ihre Mitarbeiter, sie (und nicht der Brandschutzbeauftragte) sind verantwortlich für den Brandschutz und das korrekte Verhalten der ihnen unterstellten Mitarbeiter.

4.1.5 Brandschutztechnische Unterweisung und Auftragsvergabe an Fremdfirmen

Fremdhandwerker fühlen sich in fremden Unternehmen manchmal nicht so zugehörig und damit nicht besonders verantwortlich, deshalb legen sie wesentlich häufiger fahrlässig Brände als die eigenen Handwerker. Aus diesem Grund fordert die BGV A 1 im § 6 auch, dass man es einen weisungsbefugten Koordinator stellen muss, sobald Fremdhandwerker im Unternehmen arbeiten. Wenn man einer fremden Handwerksfirma einen Auftrag schriftlich vergibt, dann sollte man auch darauf hinweisen, dass das Einhalten sicherheitstechnischer Maßnahmen im Unternehmen grundsätzlich Vertragsbestandteil ist. Insbesondere sollten die nachfolgenden Punkte aufgeführt sein:

– Berufsgenossenschaft (BGV A 1, BGR 133, BGV C 22, ggf. weitere),

– Arbeitsstättenverordnung,

– Feuerversicherung (Arbeiten melden),

– Baubehörde/Feuerwehr,

– Baustellenverordnung,

– Landesbauordnung (z.B. Dachdecker müssen wissen, dass brennbare Stoffe nicht über Brandwände verlegt werden dürfen),

– Strafgesetzbuch (§ 145 besagt, dass man bestraft wird, wenn man sicherheitstechnische Einrichtungen entwendet oder unbrauchbar macht),

– Verband der Schadenversicherer (VdS 2021).

Darüber hinaus muss der eingangs erwähnte Koordinator regelmäßig auch Kontrollen durchführen. Es ist vorab zu regeln, welcher Abfall entsteht, wo dieser gelagert wird und wer ihn letztendlich (und wann) entsorgt. Wichtig ist zu wissen, welche Arbeiten durchgeführt werden, mit welchen Energien gearbeitet wird, welche Stoffe (Gase, brennbare Flüssigkeiten) eingesetzt werden usw. Ziel dieser Maßnahmen ist es, dass keine Gefahr für Menschen und Gegenstände entsteht und dabei ist es wichtig zu berücksichtigen, was für sonstige betriebliche Aktionen im Gefahrenbereich des Handwerkers ablaufen.

Die größte Gefahr geht erfahrungsgemäß von Dachdeckern aus, die Flachdächer instandsetzen. Sie müssen mit Flüssiggas (Propan) auf dem trockenen, meist heißen Dach in den Sommermonaten arbeiten. Sollte es zu einem Dachbrand kommen, reicht ein zur Verfügung gestellter Handfeuerlöscher meist nicht mehr aus. Hier wäre es besonders sinnvoll, einige der folgenden Maßnahmen umzusetzen:

– Es liegt ein Feuerwehrschlauch auf dem Dach, der unter Wasserdruck steht und den die Dacharbeiter ohne zeitlichen Verlust einsetzen können.

– Man hat einen unter Wasserdruck stehenden Gartenschlauch auf dem Dach, der mittels Handdruck Wasser freisetzt.

– Man hat mindestens zwei Pulverlöscher mit je 12 kg Pulver auf dem Dach.

Wichtig ist, dass die Schläuche flächendeckend das Dach erreichen. Wer noch eine Stufe sicherer sein will, hat an zwei Stellen je einen Schlauch auf dem Dach, denn wenn der Brand in Schlauchnähe ausbricht oder der Wind ungünstig steht, dann ist der eine Schlauch eventuell nicht mehr erreichbar. Wasserschläuche haben zudem die großen Vorteile, dass sie auch aus weiterer Entfernung löschen können und somit eine Personengefährdung minimiert wird und dass sie, im Gegensatz zu Handfeuerlöschern, über eine unendliche Löschmittelquelle verfügen. Brennt es nämlich auf einem Dach und ruft der Handwerker nach einem misslungenem Löschversuch erst mit seinem Handy die Feuerwehr, so wird diese vielleicht erst nach 15 Minuten Zeitverlust „Wasser marsch" sagen können und dann kann ein ganzes Dach bereits brennen. Eventuell wird auch die darunter liegende Stahlkonstruktion weich und das Dach bricht zusammen: Der Schaden liegt jetzt schon mindestens im 6-stelligen €-Bereich und wird in wenigen Minuten im 7- oder gar 8-stelligen €-Bereich sein. Oder es kommt zu einem großen Löschwasserschaden im Gebäude. Beides wäre vermeidbar, wenn die Handwerker umgehend und effektiv selber löschen könnten.

Besonders bei Heißarbeiten ist es sicherheitstechnisch und auch juristisch besonders wichtig, dass ein sog. Erlaubnisschein eingeführt und auch umgesetzt wird. Darin aufgelistet sind Maßnahmen vor, während und nach der feuergefährlichen Arbeit. Zu diesen Arbeiten zählt neben Löten und Flexen auch Schweißen, Schneidbrennen oder Auftauen und das Arbeiten mit Lötlampe. Vorab sind Feuerlöscher zu stellen und mobile Brandlasten aus dem Gefahrenbereich zu entfernen. Der für den Bereich verantwortliche Mitarbeiter muss die Arbeiten genehmigen. Immobile Brandlasten wie z.B. Teppichböden sind effektiv abzudecken. Während der Arbeiten muss eine zweite Person die Arbeiten beobachten und absichern. Nach den Arbeiten muss es für eine ausreichend lange Zeit, in der Regel zwei Stunden, eine Brandwache geben; diese Person sollte aus Kostengründen nicht der Arbeiter selbst sein, sondern jemand, der in der Nähe arbeitet, also ein Mitarbeiter. Die Brandwache kontrolliert in der ersten Stunde z.b. alle 10 Minuten, ob es brenzlig riecht und dies ggf. auch in den Räumlichkeiten daneben und darunter, in der 2. Stunde vielleicht alle 15 oder 20 Minuten. Durch das Unterschreiben auf dem Erlaubnisschein geben Abteilungsleiter, Handwerker und Brandwache ihr o.k., die auf dem Blatt enthaltenen Bestimmungen zu kennen und einzuhalten.

4.1.6 Brandschutztechnische Instandhaltungen durchführen

Die mit dem Gebäude und dessen Nutzung erforderlichen Sicherheitseinrichtungen sind nicht nur ordnungsgemäß einzubauen bei der Gebäudeerstellung, sondern müssen mit dem gleichen Qualitätsstandard instand gehalten werden. Hierzu bedarf es einer Sensibilisierung durch den Betreiber und der Umsetzung von Wartung und Pflege dieser Sicherheitseinrichtungen und andererseits einer sachverständigen Prüfung in gewissen zeitlichen Abständen. Beispielhaft werden nachstehend einige Prüfkriterien für einige sicherheitstechnische Einrichtungen genannt (keine abschließende Aufzählung). In den einzelnen Bundesländern ist die Erfordernis der Wartung und Prüfung dieser Einrichtungen in den Prüfverordnungen festgelegt, z.b. in NRW in der TPrüfVO. Bei den verschiedenen Feuerlösch- und Brandschutzanlagen ist hier z.b. zu prüfen:

- Löschwasserleitungen:
  - Volumenstrom
  - Druck
  - Hygiene
- Hydrantenanlagen:
  - Volumenstrom
  - Druck
  - Zeit der Löschwasserbereitstellung
- Automatische Löschanlagen:
  - Wasserversorgung
  - Energieversorgung

- Funktionskontrollen

- Wasserverteilung

- Tiefgaragen:

- CO-Warnanlagen

- Brandschutzklappen

- Ventilatoren

- Lüftungskanäle

Darüber hinaus ist natürlich auch der allgemeine Zustand zu überprüfen und Mängel sind abzustellen. Diese Mängel können beispielhaft in einer Tiefgarage sein:

- Brandschutztür schließt nicht mehr;

- brennbare Gegenstände sind in der Tiefgarage abgestellt;

- Müll wird in der Tiefgarage gelagert;

- die Beleuchtung ist zum großen Teil ausgefallen;

- die Rampe ist vereist und nicht frei gehalten;

- der Maler hat die Sprinklerköpfe überpinselt und damit die Anlage funktionslos gemacht;

- ein Brand- oder Rauchschutztor ist angefahren und nicht mehr funktionsfähig;

- Stromleitungen sind beschädigt oder gar offen;

- u.a.m.

Bei der Prüfung von Arbeitsmitteln wird zwischen Baumusterprüfung (Typprüfung) und Einzelprüfung (Stückprüfung) unterschieden. Mit einer Baumusterprüfung wird die Tauglichkeit einer Serie von gleichen Arbeitsmitteln für den Betriebszweck geprüft. Sie umfasst die Prüfung eines einzelnen Geräts (Muster) aus einer Serie von baugleichen Erzeugnissen einschließlich der Konstruktionsunterlagen durch eine anerkannte Prüfstelle. Bei der anschließenden Serienproduktion obliegt dem Hersteller die Verantwortung für die Einhaltung der Eigenschaften des Baumusters.

Die Prüfstellen behalten sich vertraglich stichprobenartige Überprüfungen von Einzelstücken auf Übereinstimmung der Serienproduktion mit dem Baumuster vor (Produktionsüberwachung) oder prüfen zusätzlich das Qualitätssicherungssystem des Herstellers. Etwaige Mängel nach Fertigstellung, z.B. Transportschäden, werden von der Baumusterprüfung nicht erfasst. Baumusterprüfungen sind im Allgemeinen freiwillig, für bestimmte Arbeitsmittel sind sie allerdings vorgeschrieben, z.b. für bestimmte gefährliche Maschinen (siehe Anhang IV der EG-Maschinen-Richtlinie), die nicht nach harmonisierten Normen (Europäische Normung) gebaut sind, und für persönliche Schutzausrüstungen der Kategorien II und III. Die harmonisierten Normen werden vom BMA in Verzeichnissen zum Gerätesicherheitsgesetz bekannt gemacht.

In vielen Unfallverhütungs- und staatlichen Arbeitsschutzvorschriften sind darüber hinaus Einzelprüfungen (Stückprüfung) der Arbeitsmittel vor der ersten Inbetriebnahme, nach Änderungen und Instandsetzungen sowie in regelmäßigen Abständen vorgeschrieben. Dies gilt z.b. für Druckbehälter, Anschlagmittel und Flurförderzeuge.

Solche Einzelprüfungen werden zumeist von Sachkundigen oder Sachverständigen (sog. Befähigte Personen) vorgenommen und umfassen je nach Art zahlreiche Maßnahmen von der Kontrolle der Baupläne über eine Prüfung des Arbeitsmittels und seiner Aufstellung bis hin zu Detailuntersuchungen.

Darüber hinaus wird vielfach eine Prüfung und Besichtigung der benutzten Einrichtungen vor dem Gebrauch durch vom Unternehmer beauftragte Personen oder durch die Benutzer der Einrichtungen verlangt, beispielsweise durch den Maschinenführer, die Elektrofachkraft oder den Aufsichtführenden. Die von einzelnen Berufsgenossenschaften herausgegebenen Prüflisten sollen den Vorgesetzten oder Beschäftigten, aber auch den Fachkräften für Arbeitssicherheit und Sicherheitsbeauftragten für solche Prüfungen als Arbeitshilfe dienen. Mit ihrer Hilfe können die innerbetriebliche Überwachung der Einrichtungen und Anlagen durchgeführt und sicherheitstechnische Mängel aufgedeckt werden.

Auf dem Gebiet der Arbeitssicherheit haben Sachkundige und Sachverständige, neuerdings auch unterwiesene Personen die Aufgabe, bestimmte Einrichtungen, technische Arbeitsmittel und Geräte auf Einhaltung der Schutzvorschriften zu prüfen.

Sachkundiger ist, wer aufgrund seiner fachlichen Ausbildung und Erfahrung ausreichende Kenntnisse auf dem Gebiet der zu prüfenden Einrichtung hat und mit den einschlägigen staatlichen Arbeitsschutzvorschriften, Unfallverhütungsvorschriften, Richtlinien und allgemein anerkannten Regeln der Technik (z.b. DIN-Normen, VDE-Bestimmungen, technische Regeln der EU-Staaten oder anderer Vertragsstaaten des Abkommens über den Europäischen Wirtschaftsraum) soweit vertraut ist, dass er den arbeitssicheren Zustand der Einrichtung beurteilen kann. Sachkundige können z.b. Betriebsingenieure, Meister, Fachkräfte oder Monteure sein.

Sachverständiger ist, wer aufgrund seiner fachlichen Ausbildung und Erfahrung besondere Kenntnisse auf dem Gebiet der zu prüfenden Einrichtung hat und mit den einschlägigen staatlichen Arbeitsschutzvorschriften, Unfallverhütungsvorschriften, Richtlinien und allgemein anerkannten Regeln der Technik vertraut ist. Er muss die Einrichtung prüfen und gutachterlich beurteilen können. Als Sachverständige kommen Angehörige der Technischen Überwachungsorganisationen und andere anerkannte Fachkräfte in Frage.

Die Betriebssicherheitsverordnung verändert die Rechtslage bezüglich der Überprüfung von bestimmten Geräten und Anlagen. So werden manche zuvor starr vorgegebene Termine flexibler und der Betreiber kann mehr in die Verantwortung genommen werden. Manche Prüfungen (z.B. Handfeuerlöscher) bleiben weiterhin starr, andere Prüffristen und Prüfumfänge geben die Hersteller individuell vor. Die Betriebssicherheitsverordnung (BetrSichV) verfolgt das Ziel, mehrere EU-Richtlinien in ein einheitliches betriebliches Anlagensicherheitsrecht umzusetzen sowie die überwachungsbedürftigen Anlagen neu zu ordnen. Hierbei wird klar zwischen Beschaffenheit und Betrieb getrennt. Dabei soll auch eine Neuordnung des Verhältnisses zwischen staatlichem Arbeitsmittelrecht und berufsgenossenschaftlichen Unfallverhütungsvorschriften erfolgen, um bestehende Doppelregelungen zu beseitigen. Auch soll durch die Verordnung eine moderne Organisationsform des Arbeitsschutzes eingeführt werden.

Durch Aufhebung und Änderung einer Vielzahl einzelner Vorschriften soll eine Rechtsvereinfachung erreicht sowie durch die Harmonisierung der Beschaffenheitsanforderungen für Arbeitsmittel und überwachungsbedürftiger Anlagen eine reine Betriebsvorschrift geschaffen werden. Die Aufnahme der Arbeitsmittelverordnung in die neue Verordnung ist aufgrund von aufgetretenen Abgrenzungsproblemen erforderlich geworden. Dabei wird die Verordnung das bestehende hohe Sicherheits- und Schutzniveau beibehalten und an die europäischen Vorgaben angepasst werden. Diese Verordnung regelt auch Anforderungen an Arbeitsschutzmanagementsysteme und die sich aus deren Anwendung ergebenden Folgen.

Sicherheits- bzw. brandschutztechnische Produkte sind regelmäßig zu überprüfen, ob sie noch funktionsfähig sind; der erstmalig ordnungsgemäße Zustand muss mindestens erhalten werden. Darunter fallen z.B.:

– Handfeuerlöscher

– Lüftungsklappen

– Brandschutztüren

- Rauchschutztüren
- Ansteuerungen von Brand- und Rauchschutztüren
- Elektrotechnische Anlage, mobile und immobile elektrotechnische Gerätschaften
- Entrauchungsanlagen
- Lüftungsanlagen
- Überspannungs-Schutzgeräte, Überstrom-Schutzgeräte
- Blitzschutzanlagen für Gebäude und Anlagen
- Rauch- und Wärme-Abzugsanlagen (RWA-Anlagen)
- Brandmeldeanlagen
- Gasarmaturen
- Brandlöschanlagen (Sprinkler, Gas)
- Rauchschürzen
- Explosionsschutzanlagen
- Aufzugsanlagen
- Druckkessel
- Verfahrenstechnische Anlagen
- Hausrufanlagen

Die Vorschriften zum Umfang und Tiefe der Prüfung, zu den zeitlichen Abständen und zur Qualität der Prüfer sind unterschiedlich und nicht zentral in irgendeiner Vorschrift zusammen gefasst; oft geben die Herstellerangaben Auskunft, was von wem und wie zu prüfen und warten ist. Die Betriebssicherheitsverordnung gibt zwar Anhaltspunkte, jedoch verändern sich Prüfungen regelmäßig und hier ist man auf der sicheren Seite, wenn man Rat beim jeweiligen sog. Inverkehrbringer sucht. Wenn man also Lüftungsklappen zu überprüfen hat, so fragt man bei der Herstell- oder Einbaufirma; die Feuerlöscher überprüft (mindestens alle zwei Jahre) die Firma, von der man sie bezogen hat (und nicht eine Person, die an der Haustür läutet und seine Dienste, analog Scherenschleifern anbietet). Bei der elektrotechnischen Anlage erkundigt man sich bei der Berufsgenossenschaft und beim Feuerversicherer und versucht, die beiden unterschiedlichen Untersuchungen dieser beiden Institutionen von einer Person bzw. Firma abdecken zu lassen.

Technische Brandschutzeinrichtungen wie RWA-Anlagen, Brandmelde-anlagen und Brandlöschanlagen werden vom Errichter und dem VdS nach den VdS-Richtlinien überprüft, festgestellte Mängel danach von befähigten Handwerkern möglichst umgehend abgestellt. Andere Vorgaben, siehe die o. a. Tabellen, werden nach den Vorgaben der Berufsgenossenschaften geprüft.

Für einige der o. a. Anlagen wird nicht der Brandschutzbeauftragte, sondern z.b. eine technische Abteilung Instandhaltung zuständig sein. Es macht jedoch Sinn, wenn der Brandschutzbeauftragte die Prüftestate in Kopie sammelt und aktuell hält und somit einen Überblick über den Status hat.

4.1.7 Brandschutz bei Bau- und Reparaturarbeiten

Schäden durch eigene Handwerker kommen weniger häufig vor als Schäden durch Fremdhandwerker. Doch auch die eigenen Handwerker benötigen Erlaubnisscheine für feuergefährliche Arbeiten, wenn sie solche Arbeiten außerhalb dafür vorgesehener Arbeitsplätze durchführen. Mit die Hauptursachen für Brände bei Bauarbeiten sind:

- Keine Unterweisung der Handwerker;

- kein Erlaubnisschein wurde zuvor ausgestellt und demzufolge werden die darin enthaltenen Vorgaben auch nicht umgesetzt;

- kein Feuerlöscher werden bereitgestellt;

- kein Arbeitsbereich für feuergefährliche Arbeiten;

- keine befähigte Person führt die feuergefährlichen Arbeiten aus;

- keine zweite Person ist vorhanden.

Besonders bei und nach feuergefährlichen Arbeiten ist die Brandgefahr exorbitant hoch. Deshalb sind besondere Vorsichtsmaßnahmen gesetzlich, behördlich und auch privatrechtlich nötig:

- Grundlegend sind Alternativmaßnahmen zur feuergefährlichen Arbeit zu erörtern (z.B. kleben, schrauben);

- bei größeren Maßnahmen ist immer die Feuerversicherung zu informieren;

- individuellen Erlaubnisschein erstellen, unterschreiben;

- Maßnahmen vorab:

  - Brand- und Explosionsgefahren beseitigen,

- Handfeuerlöscher bereitstellen,
- Arbeit freigeben,
- Mobile Brandlasten entfernen, immobile abdecken.
- Maßnahmen währenddessen:
- Beobachten der Arbeiten,
- Auf Arbeitsschutz achten.
- Maßnahmen nach Abschluss:
- Brandwache stellen, z.b. für 2 Stunden,
- Schein aufbewahren.

Bei feuergefährlichen Arbeiten ist qualitativ und quantitativ ausreichend viel Löschmittel zur Verfügung zu stellen. Geeignete Löschmittel sind z.b. (abnehmende Priorität):

- Wandhydrantenschlauch
- Gartenschlauch, der Wasserdruck am Schlauch hat
- Schaumlöscher
- ggf. zusätzlich auch CO_2-Löscher
- Wasserlöscher
- Fettbrandlöscher
- Pulverlöscher
- ggf. auch Löschdecke

Auch auf Baustellen und in allen Gebäuden, z.b. an der Trafostation, sind Handfeuerlöscher bereit zu halten. Gerade bei Abbrucharbeiten sind besondere Maßnahmen zum Arbeitsschutz zu treffen, aber auch der Brandschutz darf nicht vernachlässigt werden. Besonders ist zu achten auf:

- Abfall: Lagerung tagsüber und nachts, Entsorgung, Abbrennen;
- ggf. ist ein Feuerwehrplan nötig;
- positive arbeitsmedizinische Untersuchung alle Arbeiter;
- sicherheitstechnische Unterweisung der Arbeiter (Landessprache);
- Überprüfung der Elektrogeräte (BGV A 3), auf Baustellen beispielsweise alle 3 Monate;
- Baubuden: Heizung, Kühlschrank, Kaffeemaschinen, Heizplatten;

- Handfeuerlöscher, Lösch-Schläuche vorhanden;
- Erlaubnisschein für feuergefährliche Arbeiten;
- Brandschutzordnung nötig;
- 2. Fluchtweg an allen Arbeitsplätzen vorhanden;
- Zufahrt frei halten für Rettungs- und Löschfahrzeuge;
- Rauchverbote aussprechen, prüfen;
- Alkohol ist während der Arbeitszeit verboten;
- Regelung von Subunternehmern (insbesondere Pflichten).

Die VdS-Richtlinie 2021 (Brandschutz bei Bauarbeiten) fordert u.a. folgendes:

- Bauunterkünfte/ Behelfsbauten sind ausreichend weit von den Gebäuden aufzustellen;
- Baustellenabfälle werden grundsätzlich nicht mehr abgebrannt;
- Rauchverbot für gefährdete Bereiche, getrennte Entsorgung;
- Feuerstätten auf nichtbrennbare Unterlagen stellen;
- Feuer ist im Gefahrenbereich von B3-Gegenständen verboten;
- Feuergefährliche Arbeiten: Brandgefahr zuvor beseitigen und an gefährlichen Stellen nur mit Erlaubnisschein;
- es muss eine Brandwache nach Feuerarbeiten geben;
- Lötgeräte sind zu beaufsichtigen;
- besondere Vorsorgemaßnahmen beim Kochen von Essen;
- Abfall und brennbare Gase dürfen nicht unter Erdgleiche gelagert werden;
- Flüssigkeiten mit einem Flammpunkt unter 21 °C dürfen nicht zum Reinigen verwendet werden;
- Gasflaschen sind getrennt von anderen Gegenständen zu lagern;
- Rettungswege sind frei zu halten;
- es muss zwei Fluchtwege geben;
- es sind ausreichend viele Feuerlöscher zu stellen;
- ausreichend Erste-Hilfe-Material.

Unabhängig von der Art des Unternehmens: Sobald Bauarbeiten, größere Umbauarbeiten oder brandgefährliche Reparaturarbeiten stattfinden, steigt die Brandgefahr, aber auch die Unfall- und Verletzungsgefahr exorbitant an. Deshalb gibt es bestimmte Vorgaben, um hier gegen zu steuern. Besonders Fremdhandwerker sind, freundlich ausgedrückt, großzügiger im Vergleich zu den eigenen Arbeitern, aber auch diese verhalten sich ab und zu fahrlässig und lösen damit Brände aus. Bei den Fremdhandwerkern sind die Dachdecker, die Flachdächer mit Bitumen und Propangasflamme abdichten, wohl diejenigen, die am meisten Brände legen. Brände auf Baustellen passieren immer wieder aus den gleichen Gründen besonders häufig:

- Fehlende Unterweisung der Arbeiter in Richtung Sicherheit, über das präventive und kurative Verhalten, um Brände und Unfälle zu verhindern;

- fehlende Qualifikation der Arbeiter; einige Bauunternehmen stellen, um Kosten zu sparen, unqualifizierte Hilfsarbeiter ohne Gesellen- oder Meisterprüfung ein;

- es gibt keinen Sicherheits- und Gesundheitsschutz-Koordinator, oder es gibt ihn lediglich auf dem Papier;

- der Sicherheits- und Gesundheitsschutz-Plan ist nicht vorhanden bzw. nicht umgesetzt worden;

- ein Auftraggeber setzt nicht unterwiesene Sub-Unternehmer ein; diese arbeiten noch häufiger mit wenig bis nicht qualifizierten Personen;

- einige Personen, die auf Baustellen arbeiten, sind nicht der deutschen Sprache mächtig; das bedeutet, dass man sie auch nicht so qualifiziert schulen und unterweisen kann, wie dies gesetzlich gefordert ist;

- feuergefährliche Arbeiten sind immer die Hauptbrandursache bei Bauarbeiten und dabei wird zu sorglos umgegangen, z.B. Nichtentfernen von leichtentzündlichen Gegenständen im Gefahrenbereich (Abfälle, Isolationsmaterialien u.a.m.);

- mangelhafte Abfallbeseitigung führt dazu, dass Schweißperlen oder Zigarettenreste diesen Müll entzünden kann und wenn es keine ausreichende räumliche Trennung zu den Gebäuden gibt, kann das Feuer (Rauch, Hitze, Flammen) übergreifen;

- Rauchen der Arbeiter oder der Bauleitung oder von Besuchern und sorgloser Umgang mit der Glut;

- fehlende Löschmöglichkeiten, es sind keine Handfeuerlöscher vorhanden oder nicht in direkter Nähe;

– verspätete Brandmeldung nach einer Entzündung, weil niemand die Brandentstehung mitbekommen hat;

– Schadenvergrößerung durch offene Bereiche, weil Rauch- und Brandschutztüren noch nicht vorhanden oder noch nicht geschlossen sind;

– es werden feuergefährliche Arbeiten in Bereichen durchgeführt, wo dies gefährlich bzw. verboten ist;

– keine sog. befähigte Person hat die Arbeiten ausgeführt (Begründung: Sonst wären die Brandschutzmaßnahmen bekannt und realisiert worden);

– keine Abfallentsorgung;

– kein Bauleiter anwesend;

– es gab keine Regelung zur Abfall-Sammlung;

– kein Rauchverbot;

– kein Heißerlaubnisschein;

– u.a.m.

Die Landesbauordnung fordert u.a.:

– Gebäude sind so zu errichten und zu unterhalten bzw. zu beseitigen, dass die öffentliche Sicherheit und Ordnung, insbesondere Leben und Gesundheit und die natürlichen Lebensgrundlagen nicht gefährdet werden;

– Baustellen sind so einzurichten, dass Gebäude ordnungsgemäß errichtet und abgebrochen werden können;

– die Standsicherheit ist auch bei Abbrucharbeiten zu gewährleisten;

– Gebäude müssen die Entstehung und Ausbreitung von Feuer und Rauch verhindern;

– wird ein Gebäude errichtet oder abgerissen, so ist jeder Beteiligte verantwortlich für die Einhaltung der Vorschriften und der Vorgaben der Bauaufsichtsbehörde;

– bei Verstößen kann die Baubehörde den Baubetrieb einstellen;

– Ordnungswidrigkeiten können bis zu 500.000 € kosten.

Wie verhält man sich nun, wenn Bauarbeiten anstehen? Aus den oben aufgeführten Gründen für Schäden lassen sich bereits effektive Gegenmaßnahmen herleiten. Wichtig ist bei Umbau- und Renovierungsarbeiten darüber hinaus:

- Die Feuerversicherungen sehen Bauarbeiten als Gefahrenerhöhungen an und diese sind grundsätzlich immer anzeigepflichtig;

- man sucht sich eine wirklich qualifizierte Baufirma aus und nimmt nicht die billigste, sondern die fairste, die günstigste, die solideste;

- ggf. muss man einen Koordinator stellen;

- die Gewerbeaufsicht muss über Bauarbeiten informiert werden;

- besondere Brandschutzmaßnahmen sind schriftlich festhalten und dann natürlich auch umzusetzen;

- man muss Handfeuerlöscher stellen und zwar in allen Bereichen, auf allen Ebenen, auf denen Arbeiten durchgeführt werden;

- feuergefährliche Arbeiten muss man regeln und dazu zählen nicht nur Schweißen und Trennschleifen, sondern auch Löten und Auftauarbeiten. Hierbei regelt man Maßnahmen vor, während und nach der Arbeit;

- man muss, unabhängig von der Größe der Arbeit, immer einen weisungsbefugten Koordinator nach der BGV A 1, § 6 stellen;

- die nötigen Arbeits- und Brandschutzvorgaben muss man schriftlich zusammen stellen und dann auch einhalten;

- gerade bei Bauarbeiten ist es wichtig, dass die Fluchtmöglichkeiten gegeben sind und hier insbesondere der 2. Fluchtweg vorhanden ist;

- Abfall-Regelung: Lagerung tagsüber und nachts, Entsorgung, Abbrennen;

- ggf. ist ein Feuerwehrplan nötig;

- positive arbeitsmedizinische Untersuchung alle Arbeiter;

- Sicherheitstechnische Unterweisung der Arbeiter (Landessprache);

- Überprüfung der Elektrogeräte (BGV A 3);

- Baubuden: Heizung, Kühlschrank, Kaffeemaschinen oder Heizplatten dürfen nicht brandgefährlich aufgestellt bzw. betrieben werden;

- Handfeuerlöscher, besser noch funktionsfähige und angeschlossene Lösch-Schläuche vorhanden;

- Brandschutzordnung erstellen;

- Zufahrt frei halten für Rettungs- und Löschfahrzeuge;

- Raucherverhalten regeln: Rauchverbote aussprechen, prüfen;

- Alkohol ist während der Arbeitszeit verboten;

- Regelung von Subunternehmern.

Gerade bei Abbrucharbeiten sind besondere Maßnahmen zum Arbeitsschutz zu treffen, aber auch der Brandschutz darf nicht vernachlässigt werden. Auch wenn die Brandgefahr und die Brandschadengröße bei Abbrucharbeiten meist nicht so groß ist wie bei Neu- und Umbaumaßnahmen, so ist doch zu beachten, dass hier die Verletzungsgefahr besonders groß ist. Die Arbeitsstättenverordnung, die ohne Wenn und Aber auch (bzw. gerade!) auf Baustellen gilt, fordert beispielsweise:

- Vor Witterungseinflüssen geschütztes umkleiden, waschen, aufhalten;

- Kochstelle und Essens-Einnahmestelle, geschützt;

- alkoholfreies Getränk (Wasser) muss gestellt werden;

- abschließbares Kleiderfach je Bauarbeiter;

- zumutbare Atemluft am Arbeitsplatz, ggf. messen;

- Bereiche zum Trocknen von Arbeitskleidung;

- regelmäßig Übungen mit Handfeuerlöschern;

- Fahrzeuge und Maschinen dürfen nicht abstürzen, umstürzen oder einbrechen können;

- Verkehrswege für Material müssen ausreichend abgetrennt oder entfernt sein von Personen-Gehwegen;

- diese Wege sind regelmäßig zu überprüfen;

- besonders gefährliche Arbeiten erfordern besondere Schutzmaßnahmen/Qualifikation (besonders bei Abbruch);

- bei solchen Arbeiten muss eine befähigte Person die Planung und Durchführung übernehmen;

- beim Umgang mit Massivbauteilen sind besondere Vorsichtsmaßnahmen zu treffen;

- Prüfen der Standsicherheit/Stabilität von Arbeitsbereichen;

- vor Erdarbeiten ist zu prüfen, ob nicht Daten-, Strom- oder Wasserleitungen im Boden verlegt sind;

- kann Sauerstoffmangel eintreten, sind präventiv effektive Schutzmaßnahmen zu treffen;

- es ist auf elektrische Freileitungen zu achten.

Die berufsgenossenschaftlichen Vorgaben gelten als autonome Rechtsnormen und sie sind deshalb verbindlich einzuhalten. Die für Baustellen zuständige BGV C 22 (vormals VBG 37) fordert u.a. folgendes:

– Es muss qualifizierte Aufsichtsführer geben.

– Sicherungsarbeiten dürfen erst von Personen ab 18 Jahren (bei der Deutschen Bahn liegt das Mindestalter bei 21 Jahren) durchgeführt werden, die besonders sensibilisiert sind.

– Anlegeleitern sind als Arbeitsplatz grundsätzlich verboten und nur unter bestimmten Bedingungen und dann unter besonderen Vorsorgemaßnahmen erlaubt.

– Absturzsicherungen sind bei Arbeiten an geneigten Flächen nötig.

– Absturzsicherungen sind grundsätzlich ab 1 m Höhe nötig.

– Weitere Schutzmaßnahmen bei Arbeiten unter Tage, in größeren Höhen oder am Rande von Gewässern müssen realisiert werden.

– Es muss eine Sicherheitsbeleuchtung bei Arbeiten unter Tage geben.

– Gleichzeitige vertikal übereinander liegende Bauarbeiten an einem Gebäude sind bei einer möglichen Gefährdung der jeweils anderen Arbeiter verboten.

– Gefahrenbereiche sind abzusperren.

– Es dürfen nur fachlich geeignete Personen auf der Baustelle arbeiten.

– Es muss eine Überwachung durch weisungsbefugte Personen geben.

– Festgestellte Mängel müssen beseitigt oder zumindest gemeldet werden.

– Es muss standsichere Arbeitsplätze geben.

– Auf den Einsturz von Gruben ist besonders zu achten.

– Wassereinbruch darf nicht zu einer Personengefährdung führen.

– Gerüste dürfen nicht mit Baumaterial beworfen werden (sondern lediglich belegt), weil dies das Gerüst beschädigen oder zum Einsturz bringen könnte.

– Es muss eine Regelung für Verkehrswege geben.

– Es sind besondere Schutzmaßnahmen für Abbrucharbeiten zu treffen.

– Es gibt weitere, besondere Auflagen bei Arbeiten unter Tage.

– Es muss eine Mindestbeleuchtung/Beleuchtungsstärke geben.

- Elektrische Geräte wie Kabelverlängerungen, Steckverbindungen, Bohrmaschinen, Schaltschränke usw. müssen überprüft sein (z.B. lt. BGV A 3 alle 3 Monate, bei Fehlerquoten geringer als 2% auch alle 6 Monate).

- Bei besonderen Gefährdungen von Dritten muss man Sicherungsposten stellen.

- Man muss Feuerlöscher stellen.

- Es muss Material für die Erste Hilfe geben.

- Es muss Ersthelfer geben (≥ 10% der anwesenden Personen!).

- Es sind Aufenthaltsbereiche definiert, die entsprechend den Vorgaben gestaltet sind (u.a.: Beheizbar in der kalten Jahreszeit, Stühle, nichtalkoholische Getränke).

Man darf nie vergessen: Während der Bauarbeiten brennt es wesentlich häufiger als im anschließenden normalen Betrieb. Die Brandgefahr kann 30-mal, oder auch 200-mal so hoch sein und sie nimmt mit zunehmendem Baufortschritt zu. Die Tage vor der Gebäudeübergabe ist die Brandgefahr am größten: Viel Hektik, überall wird noch gearbeitet und nachgebessert und die sicherheitstechnischen Einrichtungen (Sprinkler, Brandschutztüren, Feuerlöscher usw.) sind vielleicht noch nicht einsatzbereit. Deshalb sind besondere Vorsorgemaßnahmen bei Bauarbeiten nötig, will man nicht als grob fahrlässig eingestuft werden – was meist dazu führt, dass man Probleme bei der Schadenregulierung bekommt.

4.1.8 Der richtige Umgang mit Abfällen und Müll

Müll und Abfall brennt so häufig und gefährdet damit Menschenleben und Produktionseinrichtungen, dass sich sogar die deutschen Landesbauordnungen damit beschäftigen, wie diese Gegenstände zu lagern sind: Am besten außerhalb vom Gebäude in brandsicherem Abstand. Wenn dies nicht geht, dann in eigens dafür vorgesehenen Räumlichkeiten, die feuerbeständig (Türen mindestens feuerhemmend) abgetrennt sind und von denen es einen direkten Zugang ins Freie gibt. Darüber hinaus gilt, dass Müll direkt nach Arbeitsende aus den Arbeitsräumen zu entfernen ist (und nicht erst Stunden danach) und möglichst in nichtbrennbaren, geschlossenen oder selbstverlöschenden Behältern gelagert werden soll. Müll wird heutzutage getrennt, mindestens wie folgt:

- Papier

- Kunststoffe

- Metalle (Buntmetalle, ferromagnetische Metalle)
- Zigarettenreste (nichtbrennbare, seitlich und oben geschlossene Behälter)
- Kompost
- Ölige Lappen (nichtbrennbare Behälter, dicht schließend) – Brandgefahr: Selbstentzündung
- Elektronikschrott, Elektrogeräte
- Bürogeräte
- Restmüll

Es wird sogar gesetzlich verlangt, dass man Zigarettenreste und ölgetränkte Lumpen in jeweils eigenen, nicht brennbaren und dicht schließenden Behältern aufbewahrt. Die Zigarettenreste sind nach einer Frist von 24 Stunden dem Restmüll zuzuführen und die ölgetränkten Lumpen müssen sicher entsorgt werden. Brennt es aufgrund solcher Gegenstände, kann dies als Fahrlässigkeit gewertet werden und je nach dem, was passiert und ob es als Fahrlässigkeit oder grobe Fahrlässigkeit gewertet wird, hat es entsprechend weitreichende, negative Folgen.

Der Brandschutzbeauftragte muss sich auch um Abfall kümmern. Er soll dafür sorgen, dass es gerade in der Produktion und im Lagerbereich nichtbrennbare und seitlich geschlossene Müllbehälter gibt, die auch oben verschließbar sind und dass die Mitarbeiter keine Kippen oder ölgetränkte Lumpen in „normale" Abfallbehälter werfen. In nichtbrennbaren und dicht schließenden Behältern könnte sich ein Feuer selbst ersticken. Hängen jedoch große Plastiksäcke an Metallringen, dann würde ein Brand im Müllsack schnell dazu führen, dass viel Müll auf dem Boden liegt und brennt. Bläst man nun seitlich mit einem Handfeuerlöscher darauf, würden die brennenden Gegenstände herum geblasen werden und könnten ein Feuer vergrößern. Nimmt man auch noch Pulver anstatt Schaum oder Wasser, dann wäre der Löschmittelschaden noch wesentlich größer. Ist niemand mehr im Unternehmen und hat man vergessen den Müll zu entfernen, kann sich dieser selbst entzünden; wird die Halle dann durch Rauch, Hitze und Flammen zerstört und stuft dies die Feuerversicherung als grob fahrlässig ein, bleibt das Unternehmen möglicherweise auf den Schadenkosten sitzen.

4.1.9 Zusammenarbeit mit Behörden, Institutionen und Versicherungen

Jeder soll wissen, dass Behörden wie Bauamt oder die Berufsgenossenschaft bzw. der Gemeindeunfallversicherer und auch privatrechtliche Institutionen wie die Feuerversicherungen primär dafür da sind, den Bürgern und den Firmen dienlich zu sein. Das wissen zwar leider nicht alle der dort Beschäftigten, aber doch immerhin einige. Das bedeutet, man soll sich ohne Scheu an diese Stellen wenden, wenn es Fragen oder Probleme gibt. Der Brandschutzbeauftragte soll den Kontakt halten zur Feuerwehr, zum Feuerversicherer und zu seiner Berufsgenossenschaft. Hat er Fragen hinsichtlich dem Brandschutz, benötigt er einen Schweißerlaubnisschein oder einen gesetzlichen Hintergrund, so helfen ihm diese Stellen normalerweise unbürokratisch, konstruktiv und schnell weiter. Man soll bitte nicht meinen, aus Angst vor negativen Folgen bestimmte Fragen vorher nicht zu stellen. Besser, man holt vor irgendwelchen Arbeiten die Meinung Dritter ein: Passiert dann nämlich ein Unglück, steht man wesentlich besser vor den ermitelnden Behörden da als wenn diese dann erst den Kontakt zur Berufsgenossenschaft, der Feuerwehr oder dem Feuerversicherer suchen. Der regelmäßige Kontakt sorgt auch für eine berufliches und teilweise auch persönliches Vertrauen, man bekommt Informationen am Telefon, per Post und auch bei gegenseitigen Besuchen.

Wichtig ist es, Bauarbeiten beim Feuerversicherer grundsätzlich immer als Gefahrenerhöhung anzuzeigen; dies ist deshalb so wichtig, damit man nicht fahrlässig einen Schaden verursacht und auf den Kosten, oder einem Teil davon, sitze bleibt. Mögliche weitere Verstöße, die es zu vermeiden gilt sind:

– Kein Koordinator gestellt;

– keine Feuerlöscher vorhanden;

– keine Abfallbeseitigung geregelt;

– kein Heißerlaubnisschein ausgefüllt und die darin enthaltenen Punkte sind demzufolge auch nicht umgesetzt;

– ein nicht qualifizierter Mitarbeiter hat die feuergefährlichen Arbeiten durchgeführt.

Ungeeigneter Vorgesetzter, der seine ihm schutzbefohlenen Mitarbeiter nur am Tag vor einer Begehung um die Einhaltung der brandschutztechnischen Vorschrift (Freihalten der Fluchtwege) bittet.

Solche Situationen können für die Verantwortlichen, auch wenn es noch nicht gebrannt hat, juristische und nach einem Brand sogar strafrechtlich relevante Folgen haben.

4.1.10 Flächen und Pläne für die Feuerwehr und Fluchtwegpläne

Ob man Pläne für die Feuerwehr erstellen lassen muss oder nicht, erfährt man mit der Betreibergenehmigung, manchmal auch erst später von einer für den Brandschutz zuständigen Behörde. Es ist besonders wichtig, dass man diese Pläne so erstellen lässt, wie es die Feuerwehr wünscht, wie sie es gewohnt ist. Man stelle sich einen Einsatzleiter der Feuerwehr vor, der für 300 oder mehr Unternehmen zuständig ist und der sich bei einem Brand erst in einen unbekannten, unübersichtlichen Plan einarbeiten muss: Dabei geht wertvolle Zeit verloren und dies völlig unnütz. Die für Feuerwehrpläne zuständige DIN 14095 hat eine bestimmte Bandbreite, innerhalb der man sich bewegen kann. Ist es der Einsatzleiter gewohnt, einen genordeten, eingeschweißten Plan in der Größe A 3 mit einem 50-m-Raster zu lesen, tut er sich schwer, ein loses 80 Gramm DIN-A4-Blatt, schwarzweiß ausgedruckt ohne Angabe einer Himmelsrichtung und mit einem 20-m-Raster zu interpretieren. Deshalb soll die Person bzw. Firma, die für die Erstellung der Pläne zuständig ist sich vorab bei der Feuerwehr erkundigen, wie denn die Pläne auszusehen haben, was oben stehen soll und was nicht, welche Rasterung angesetzt wird und welche Farben zu wählen sind. Grundlegend gilt für die Pläne:

- Nach DIN 14095 erstellen;

- sie werden ggf. von Baubehörde/Feuerwehr gefordert;

- vorab mit der Feuerwehr absprechen;

- sie sind ausschließlich für die Löschkräfte konzipiert zur Information, Orientierung und Lagebeurteilung;

- nach den Vorgaben der Feuerwehr erstellen;

- aktuell halten;

- informativ gestalten;

- unwichtiges weglassen;

- über besondere Brand- und Explosionsgefahren, Löschwasserrückhaltung, Absperrvorrichtungen (Gas, Strom), Hydranten und ggf. auch Personen informieren.

Anders als die Pläne für die Feuerwehr, die ausschließlich für Löscheinsätze gedacht sind, ist es mit Flucht- und Rettungswegplänen; diese sind für alle Menschen gedacht, die sich in einem von einem Brand betroffenen Gebäude befinden. Hier fordert die Arbeitsstättenverordnung solche

Lagepläne, wenn es nötig wird durch die Lage der Gebäude, durch die Architektur bzw. die Gebäudeausdehnung (verwinkelt; Stichflure) oder durch die Art der Nutzung des Gebäudes (viele Fremde oder schutzbedürftige Personen). Diese Pläne sind nach der BGV A 8 zu erstellen und müssen seitenrichtig an den Wänden hängen. Man stelle sich einen solchen Plan vor, der um exakt 180 Grad verdreht an der Wand hängt. Fazit: Die hierin enthaltene Fluchttür ist auf dem Plan beispielsweise rechts oben; legt man diesen Plan nun vor seinem geistigen Auge auf den Boden, ist aber exakt diese Tür in der Realität links unten. Solche Überlegungen können, gerade im Brandfall, nicht von Menschen verlangt werden. Deshalb ist, bevor die Pläne gedruckt werden, anzugeben, an welcher Wand die Pläne aufgehängt werden. Entsprechend wird dann der Plan um 90 Grad nach rechts oder links oder um 180 Grad gedreht. Die Pläne müssen gut sichtbar und fest montiert an der Wand hängen und sie beinhalten ausschließlich wichtige Dinge: So ist es in einem Hotel nicht nötig in dem Plan die Grundrisse aller Räume, die Badezimmer der Nachbarzimmer und die Aufschlagsrichtung dieser Türen einzuzeichnen. Diese Informationen sind unnütz und verwirren. Wichtig ist anzugeben, wo die Flure sind, wo Treppen und Ausgänge sind. Und gegebenenfalls noch, wo Hydranten, Handfeuermelder und Feuerlöscher sind.

Die Regelungen in der MBO und die Festlegungen der DIN 14090 zur Mindestbemaßung von Flächen für die Feuerwehr sind im wesentlichen identisch. Allerdings sind die Ausführungen in der besagten Norm wesentlich differenzierter und detaillierter. Zugänge müssen gradlinig, ebenerdig und mindestens eine Breite von 1,25 m haben, die jedoch für Türöffnungen und andere geringfügige Einengungen auf 1 m reduziert werden darf. Durchgänge müssen auf der ganzen Länge ein lichtes Maß von 2,20 m Höhe besitzen. Die wesentlichen Anforderungen an die Bemessung von Feuerwehrzufahrten und -durchfahrten lassen sich folgendermaßen darstellen:

- Ausführung geradlinig:
  - Breite der Zufahrt mindestens 3 m,
  - Breite der Durchfahrt mindestens 3 m,
  - Breite der Durchfahrt bei mehr als 12 m Durchfahrtslänge mindestens 3,50 m,
  - Durchfahrtshöhe mindestens 3,50 m,
- Ausführung geradlinig mit Fahrspuren:
  - Spurbreite mindestens 1,10 m,

- Abstand zwischen den Fahrspuren 0,80 m (ohne Spielraum),
- Gesamtbreite mindestens 3 m,
- Ausführung als Kurve:
- Breite der Zufahrt ist abhängig vom Kurvenaußendurchmesser z.b. bei 21 m mindestens 5 m Breite,
- Breite muss 11 m vor der Kurve beginnen,
- Kurvenaußendurchmesser mindestens 21 m,
- Durchfahrtshöhe mindestens 3,50 m,
- Steigungen oder Gefälle in Feuerwehrzufahrten dürfen 10% nicht übersteigen.
- Übergänge von einer Steigung oder in ein Gefälle aus der Waagerechten müssen mit einem Radius von mindestens 15 m ausgeführt werden.

Zwischen den Aufstellflächen und der anzuleiternden Gebäudeaußenwand ist der Bereich von baulichen Anlagen, Bäumen etc. freizuhalten, es sei denn, eine Behinderung für den Einsatz von Hubrettungsfahrzeugen ist nicht gegeben. Aufstellflächen müssen in einer Ebene liegen und dürfen in keiner Richtung mehr als 5% geneigt sein. Diese Forderung ist technisch bedingt und berücksichtigt die eingeschränkte Ausgleichsmöglichkeit des Hubrettungssatzes bei geneigtem Gelände.

Bewegungsflächen sind außerhalb des Trümmerschattens, ein Bereich bei dem im Brandfall mit herabfallendem Brandgut gerechnet werden muss, anzuordnen. Die Wege für die Feuerwehr zu notwendigen Einrichtungen, z.B. Hydrant, Feuerlöscheinrichtungen, sollten durch die Lage der Bewegungsflächen minimiert werden. Für jedes alarmmäßig vorgesehene Feuerwehrfahrzeug, deren Anzahl (Ausrückstärke) natürlich örtlich verschieden ist, muss eine Fläche von mindestens 7 x 12 m berücksichtigt werden.

Die anzuleiternde Gebäudeaußenwand muss von der Aufstellfläche mindestens 3 m und max. 9 m entfernt sein. Im weiteren Verlauf muss im Anschluss an die Aufstellfläche auf der gebäudeabgewandten Seite ein mindestens 2 m breiter Geländestreifen ohne feste Hindernisse berücksichtigt werden.

Die erforderliche Breite für die Aufstellfläche beträgt mindestens 3,50 m. Dieses gegenüber der Zufahrt größere Maß erklärt sich aus der Notwendigkeit, das Hubrettungsfahrzeug im Einsatzfall seitlich abzustützen. Diese Stützbreite von Hubrettungsfahrzeugen ist der Abstand zwischen den an den Fahrzeuglängsseiten gegenüberliegend abgelassenen Stützen.

Nach der Feuerwehrfahrzeugnorm DIN EN 1846 T 1 darf das Maß der Stützbreite max. 4,50 m betragen. Hier besteht ein gewisser normativer Widerspruch, der in der Praxis im Allgemeinen akzeptiert werden kann. Steht „nur" eine nach DIN 14090 bemessene Aufstellfläche von 3,50 m zur Verfügung kann das zur Reduzierung der Nutzlast des Hubrettungsfahrzeugs führen oder eine unsymmetrische Abstützung des Fahrzeugs erfordern. Weniger günstig und daher zu vermeiden wäre es, wenn die Abstützung auf dem freien unbefestigten Geländestreifen erfolgen müsste. In Zweifelsfragen empfiehlt es sich, eine Anleiterprobe mit dem örtlich vorhandenen Hubrettungsfahrzeug durchzuführen, so die Feuerwehr dazu bereit ist.

Um in schwierig gelagerten Fällen ein maximales Maß an Sicherheit bezüglich des Aufstellens der Drehleiter zu erreichen, kann eine 4,50 m breite Aufstellfläche (eventuell noch breiter) in folgenden Fällen erforderlich werden:

1. Ein Aufstellen der Leiter wird im Kurvenbereich notwendig.

2. Die vorhandenen Hubrettungsfahrzeuge lassen sich systembedingt nicht unsymmetrisch abstützen.

3. Sonstige Gründe, die die Ausschöpfung der vollen technischen Leistungsfähigkeit des Hubrettungsfahrzeugs einschränken bzw. für Gebäude, bei denen baurechtliche Bestimmungen nicht eingehalten werden konnten.

Um möglichst mit dem Leiterpark rechtwinklig die Anleiterstelle zu erreichen, muss die Aufstellfläche 8 m über die letzte Anleiterstelle (gemessen von der Fensterachse) hinausreichen. Wenn die Fahrzeugaufstellung senkrecht zur Gebäudeaußenwand erfolgt, gilt: Die Dimensionierung der Breite der Aufstellflächen erfolgt wie bei der Fahrzeugaufstellung parallel zur Gebäudeaußenwand. Allerdings beginnt die Aufstellfläche mit einem Abstand von max. 1 m unmittelbar am Gebäude. Auf beiden Seiten der Aufstellfläche ist auf einer Länge von mindestens 11 m ein freier Geländestreifen von mindestens 1,25 m einzuplanen.

Eine besondere Kennzeichnung für Zu- oder Durchgänge ist in der DIN 14090 nicht ausdrücklich gefordert. Es ist aber gerade unter Berücksichtigung der Schwierigkeiten beim Auffinden von Zu- oder Durchgängen hilfreich für die Feuerwehr. Dagegen müssen Feuerwehrzufahrten gekennzeichnet sein. DIN 14090 legt fest, dass durch Hinweisschilder „Feuerwehrzufahrt" in Mindestgröße (DIN 4066) darauf hinzuweisen ist. Für die Benutzung im Winter ist eine sichtbare Randbegrenzung (z.B. Pfähle, Büsche etc.) vorzusehen. An der Verbindungsstelle zur öffentlichen Verkehrsfläche ist unter Berücksichtigung der Einbiegeradien der Bordstein auf möglichst unter 8 cm Höhe abzusenken.

Die Umsetzung in die Praxis zu einer eindeutigen Kennzeichnung scheitert oft an kleinen juristischen Unsicherheiten. So mag beispielsweise die Feuerwehrzufahrt zwar zu erkennen sein, aber es ist oft nicht eindeutig, wo die öffentliche Verkehrsfläche endet und die Feuerwehrzufahrt beginnt. Auf der öffentlichen Verkehrsfläche gilt die StVO, dagegen „gelten straßenverkehrsrechtliche Regeln nicht auf Flächen, auf denen kein tatsächlich öffentlicher Verkehr stattfindet" (OLG Hamm 2 SsOWE 1358/89). Daneben finden die baurechtlichen Bestimmungen, z.B. bei Verkaufsstätten, Versammlungsstätten, Anwendung, die ebenfalls die Freihaltung von Flächen für die Feuerwehr regeln. Diese Bestimmungen gelten aber nicht auf öffentlichen Verkehrsflächen (BayOLG 3 Ob Wi 172/82). Bei Randsteinabsenkungen, also auch bei Feuerwehrzufahrten, ist nach StVO zwar ein Parkverbot, aber kein Halteverbot vorgesehen. Bei sinkender Verkehrsmoral ist eine zugeparkte Feuerwehrzufahrt keine Seltenheit mehr, was im Einsatzfall eine problematische Zeitverzögerung bedeuten kann. So ist für das Entfernen von Falschparkern auf öffentlicher Verkehrsfläche die Polizei zuständig, auf Privatgrund jedoch der Eigentümer des Grundstücks. Auch diese Regelung beinhaltet einiges an zivilrechtlicher Unsicherheit.

Flächen für die Feuerwehr nach DIN 14090 müssen an die öffentliche Verkehrsfläche angebunden sein. Die Kennzeichnung der Feuerwehrzufahrt (§ 12 Abs. 8 StVO) erfolgt an der Übergangslinie von der öffentlichen Verkehrsfläche zum privaten Grundstück. Das eigentliche Schild selbst steht bereits auf Privatgrund. Allerdings muss die Kennzeichnung von der öffentlichen Verkehrsfläche aus klar erkennbar sein. Parkstreifen auf öffentlichem Grund im Bereich des abgesenkten Bordsteins bei Feuerwehrzufahrten müssen unterbrochen sein.

Problematisch wird die Situation, wenn von der Straße, also der öffentlichen Verkehrsfläche, nicht angeleitet werden kann, weil das Gebäude mehr als 9 m vom Straßenrand zurückliegt. Ist ein genügend breiter befahrbarer Geh-/Radweg vorhanden, kann theoretisch von hier aus angeleitet werden. Allerdings ist dann zweifelsfrei abzuklären und abzusichern, dass nicht Einbauten wie Telefonhäuschen, Werbeträger, Buswartehäuschen zu einem späteren Zeitpunkt die improvisierte Feuerwehrzufahrt/Aufstellfläche ad absurdum führen. In solch einem Fall müssten dann Notleitern in Erwägung gezogen werden. Derartige Fälle machen im allgemeinen eine Einzelfallentscheidung erforderlich, die einvernehmlich mit der Genehmigungsbehörde und der Brandschutzdienststelle herbeizuführen ist.

Nach DIN 14090 sind Feuerwehrzufahrten so zu bemessen, dass eine Befahrbarkeit für Feuerwehrfahrzeuge mit einer Achslast von 100 kN gewährleistet ist. Werden bauliche Anlagen, z.b. eine Tiefgarage überquert, ist eine Dimensionierung nach Brückenklasse 30 (DIN 1072) erforderlich; also wird das überfahrene Bauwerk noch stabiler ausgelegt.

Bei den Aufstellflächen ist die Befestigung so auszuführen, dass eine Bodenpressung von 80 N/cm^2 möglich ist. Diese relativ hohe Verdichtung ist deshalb notwendig, damit der Auflagedruck der Drehleiterabstützung mit den dabei entstehenden Punktlasten abgetragen werden können.

Schotterrasen, d.h. verdichteter Untergrund mit einer Magerhumusschicht und dünner Rasenauflage, lässt bei entsprechender Ausführung den geforderten Auflagedruck zu. Allerdings hat sich der Schotterrasen in Flächen für die Feuerwehr nur dort bewährt, wo gute, verantwortliche Hausverwalter und Gärtner im Laufe der Jahre die sich bildende Humusschicht wieder umgehend, komplett und konsequent entfernen, da die Humusschicht die erforderliche Bodenpressung nicht aushält. Die Drehleiter sinkt ein und und fährt sich fest.

Um rechtzeitig eine umfassende Planungssicherheit für das betreffende Objekt zu gewinnen, empfiehlt sich eine frühzeitige Kontaktaufnahme mit dem zuständigen Sachbearbeiter bei der Brandschutzdienststelle. Bei diesen Gesprächen sollte sowohl der planende Brandschutzingenieur sowie der zuständige Architekt als auch der freiflächengestaltende Planer eingebunden sein. Durch ein gezieltes Beratungsgespräch sollten mit den Planern noch offene Fragen vor Einreichen der Pläne bei der Genehmigungsbehörde erörtert werden. Die zugrunde liegende Planung sollte dann bereits alle notwendigen Brandschutzgesichtspunkte beinhalten. Es lassen sich unterschiedliche Planungsphasen festlegen:

1. Abklären, ob Drehleitereinsatz erforderlich ist oder der Einsatz tragbarer Leitern ausreicht;

2. Abmessungen der Flächen für die Feuerwehr festlegen;

3. Tragfähigkeit dieser Flächen festlegen;

4. Verbindung mit der öffentlichen Verkehrsfläche abklären. (ggf. kann ein Umfahrt erforderlich sein);

5. Ausschilderung und Kennzeichnung der Flächen für die Feuerwehr.

4.2 Anlagentechnischer Brandschutz

Unter den Begriff anlagentechnischer Brandschutz fallen folgende brandschutztechnische Einrichtungen:

– Brandmeldeanlagen

– Gaswarnanlagen (Rauchgase, CO)

– Brandlöschanlagen

– Berieselungsanlagen

– Explosionsschutzanlagen

– Natürliche bzw. maschinelle Rauch- und Wärmeabzugsanlagen

– Rauchschürzen

– Feuerlöscher

– Wandhydranten

– Steigleitungen

Diese Maßnahmen werden primär dann aktiv, wenn oder nachdem es brennt; sie reduzieren somit nicht die Brandschadeneintrittswahrscheinlichkeit, sondern einerseits die Brandschadenhöhe, andererseits aber auch die Länge der möglichen Feuer-Betriebsunterbrechung. Es handelt sich somit nicht primär um schadenverhütende Maßnahmen des Brandschutzes, sondern um schadenbegrenzende und schadenminimierende Brandschutzmaßnahmen. Die nachfolgenden Unterkapitel gehen auf die wichtigsten technischen Brandschutzmaßnahmen, nämlich auf Brandmeldeanlagen, Brandlöschanlagen und Entrauchungsanlagen ein.

4.2.1 Brandmeldeanlagen

Es gibt manuelle und automatische Brandmeldeanlagen. Die automatischen Anlagen informieren die Einsatzkräfte direkt oder indirekt, ohne dass die Schwachstelle „Mensch" dazwischen geschaltet ist. Direkt, d.h. der Alarm der automatischen Melder geht direkt zur Feuerwehr und indirekt bedeutet, dass der Alarm über eine professionelle Einsatzzentrale geleitet wird, die ständig besetzt ist. Es gibt drei Detektionskenngrößen von automatischen Brandmeldeanlagen, nämlich Wärme (Maximalmelder, Differenzialmelder), Rauch (Optischer Melder, Ionisationsmelder) und Strahlung (Infrarot-Melder, Ultraviolett-Melder) bzw. Wärmestrahlung. In der Übersicht die heute möglichen Arten von automatischen Brandmeldern:

- Rauchmelder
  - Optische Melder (O-Melder)
    - Vorwärts streuende Melder
    - Rückwärts streuende Melder
    - Durchlicht-Rauchmelder
  - Ionisationsmelder (I-Melder, radioaktiv)
  - Lichtschranken (günstiger Anschaffungspreis und geringe Unterhaltskosten bei guter Detektionswahrscheinlichkeit)
- Wärmemelder
  - Maximalmelder
  - Differenzialmelder
  - Differenzmelder (2 Maximalmelder in einem Überwachungsbereich, Alarm wird bei einer vorgegebenen Temperaturdifferenz zwischen beiden gegeben)
- Flammenmelder
  - UV-Melder (UV = Ultraviolett)
  - IR-Melder (IR = Infrarot)
- Sondermelder
  - Wärmemess-Kupferrohr (Druckveränderung)
  - Wärmemessleitungen (Widerstandsveränderung durch Temperatur)
  - Explosionsgeschützte Melder
  - Gasmelder
  - Überwachungssatelliten für Großbrände, meist nur sinnvoll für Einsätze im Freien
- Automatische Brandlöschanlagen (durchgeschaltet zur Feuerwehr)
  - Wasserlöschanlagen/Sprinkleranlagen (nass, trocken, Kombi, vorgesteuert)
  - Gaslöschanlagen (CO_2, Argon, Inergen, Stickstoff)
  - Pulverlöschanlagen
  - Schaumlöschanlagen

Die meisten Wärmemelder sprechen bei einer Maximaltemperatur von 68 °C an, die Differenzialmelder darüber hinaus noch zusätzlich bei einem zu schnellen Temperaturanstieg je Zeiteinheit. Somit sind Wärmemelder weitgehend unempfindlich auf nicht gefährdende Strahlungsenergie und auch auf Rauch, mit allen damit verbundenen Vor- und Nachteilen. Ein Nachteil ist, dass bei einem Schwelbrand zunächst größere Mengen an Rauchgasen entstehen und oft erst wesentlich später die zum Auslösen der Melder nötige Hitze – dafür gibt es hier auch weniger Fehlalarme.

Rauchmelder sprechen auf Rauch an; somit sind sie die sensibelsten und wohl besten Melder, aber auch empfindlicher als beispielsweise Wärmemelder. Diese Melder können nämlich zwischen „gutem" und gefährlichen Rauch nicht unterscheiden, sie können Rauch auch nicht von Wasserdampf, Nebel, Stäuben oder Aerosolen unterscheiden und sprechen bei diesen brandschutztechnisch harmlosen physikalischen Vorkommnissen ebenfalls an. Somit sind Rauchmelder nicht für alle Einsatzwecke geeignet. Moderne Brandmeldezentralen, auch Brandmeldecomputer genannt, können bestimmte Referenzkenngrößen speichern und unsensibler oder sensibler machen, die Schwellenwerte sind individuell vorzugeben. Dadurch sind die Melder auf eine durchaus intelligente Art sensibler, aber gleichzeitig nicht störanfälliger gemacht worden.

Es gibt Optische Rauchmelder (OM) und Ionisationsrauchmelder (IM). Die Optischen Rauchmelder, auch Streulichtrauchmelder genannt, sind die Melder mit dem Stand der Technik, weil sie – im Gegensatz zu den Ionisationsrauchmeldern – ohne radioaktives Präparat in der Messkammer auskommen. Hier wird ein weitgehend paralleler Lichtstrahl innerhalb des Melders, der Messkammer ausgesendet und auf der gegenüber liegenden Seite absorbiert und nicht reflektiert. Tritt nun Rauch, Staub oder Wasserdampf in den Melder ein, so wird an diesen kleinen Partikelchen das Licht reflektiert und in alle Richtungen gestreut (daher der Name Streulichtmelder). An einer anderen Stelle in der Messkammer sitzt ein lichtempfindlicher Empfänger und wenn exakt das ausgesendete Licht, dessen Frequenz außerhalb des normalen Lichts liegt empfangen wird, spricht der Melder einen Alarm aus.

Die früher gebräuchlichen Ionisationsmelder ionisieren die Luft in der Messkammer zwischen zwei Polen mittels eines im Normalzustand harmlosen radioaktiven Präparats. Somit fließt ein konstanter Gleichstrom. Tritt nun Rauch, Staub oder Wasserdampf in den Melder ein, so lagern sich diese Teile an den negativ geladenen, wanderenden Elektronen an und diese werden dadurch wesentlich schwerer. Aufgrund der extremen Gewichtszunahme wandern sie langsamer, werden von der Anziehung des positiv geladenen Pols nicht mehr so schnell beschleunigt und dieses langsamere Vorwärtskommen der Elektronen bewirkt einen Spannungsabfall, den die elektronische Auswerteeinheit als Alarm detektiert.

Ionisationsmelder unterliegen der Strahlenschutzverordnung und sie müssen gegen relativ hohe Gebühren entsorgt werden. Verbrennt nun ein Gebäude bis auf die Grundmauern, kann man hinterher nicht mehr alle I-Melder aus dem Brandschutt heraus holen und somit würde alles zum Sondermüll deklariert werden – mit dem „Erfolg", dass die Entsorgungskosten die tatsächlichen Schadenkosten erreichen oder überschreiten können. Aus diesem Grund wird dringend empfohlen, Melder mit radioaktivem Präparat bald möglichst korrekt entsorgen zu lassen (das Zuführen zum Hausmüll spart zwar Kosten, würde aber nach dem Strafgesetzbuch hoch bestraft werden!) und die Melder gegen die harmlosen und qualitativ gleichwertigen Optischen Melder austauschen zu lassen.

Gefordert werden Brandmeldeanlagen im Einzelfall auf Basis der Bauordnung, vom Feuerversicherer oder auch vom Zulieferer. Der Sinn einer BMA ist eindeutig: 33 % der Industriebrände passieren ohne Anwesenheit von Mitarbeitern und diese erzeugen aber 62 % der Schadenkosten. Die Auslegung der Brandmeldeanlage erfolgt üblicherweise nach der VdS-Richtlinie 2095 oder der CEN-TS 454:2004 – Richtlinie für Brandmeldeanlagen bzw. CEA 4040. Sogenannte „intelligente" Techniken helfen heute, Fehlalarme zu vermeiden und andererseits dennoch sensibel genug zu sein. Das funktioniert, indem Referenzmuster eingespeichert sind, auf die die Anlage verstärkt oder unterdrückt reagiert, indem der Melder vor Alarmweitergabe mehrfach gefragt wird und auch die angrenzenden Melder oder indem die Anlagen individuell eingestellt werden auf die klimatischen, produktionsbedingten und technischen Umgebungsbedingungen.

Man kann ein Gebäude komplett oder nur teilweise mit automatischen Brandmeldern versehen. Den eigentlichen Vorteil, nämlich die frühest mögliche Meldung erreicht man jedoch nur dann, wenn wirklich alle Bereiche überwacht sind. Dabei sollte man sich nicht von dem Gedanken leiten lassen, dass es wertvollere und weniger wichtige Bereiche (z.B. Dachstühle, Kellerräume) gibt: Ein Brand dort könnte sich direkt oder indirekt, z.B. durch die Rauchgase oder das eingesetzte Löschwasser, äußerst schädigend auch auf wichtige Unternehmensbereiche auswirken.

Brandmeldeanlagen gehören heute im professionellen Bereich zunehmend mehr zum Stand der Technik, vergleichbar mit Airbags und Sicherheitsgurten in Fahrzeugen. Es ist kein unüblich hoher Standard, wenn man sein Unternehmen mit automatischen Brandmeldern versieht, sondern es wird eigentlich erwartet: Von Versicherungen, von Behörden, eventuell auch von Zulieferern und Abnehmern.

Damit die Anlagen auch vertretbar wenig Fehlalarme liefern, sind die Mitarbeiter darüber zu informieren, wie man sich zu verhalten hat, um keine Störungen auszulösen. Besonders bei Wartungs- und Reparaturarbeiten mit Rauchgasentwicklung, Stauberzeugung oder der Freisetzung von Wasserdampf ist darauf zu achten, dass entsprechende Rauchmelder abgeschaltet sind. Doch das Abschalten einer Brandmeldeanlage oder Teile davon kann zustimmungspflichtig von den Behörden und dem Versicherer sein. Am besten ist, man informiert sich rechtzeitig, unter welchen Bedingungen die Anlage deaktiviert werden darf. Es ist z.B. in einigen Unternehmen üblich und grundlegend auch nicht verboten, wenn die Brandmeldeanlage während der Arbeitszeit nicht oder erst verzögert Alarm nach außen gibt und ausschließlich außerhalb der Arbeitszeiten direkt durchgeschaltet ist.

Für die Dichte von Rauchmeldern war früher die VdS-Richtlinie Nr. 2095 „Planung für automatische Brandmeldeanlagen – Planung und Einbau" maßgebend, heute ist es die aktuelle CEN-TS 5414:2004 bzw. die CEA 4040. Die VdS-Empfehlung enthielt u.a.:

– Wenn man im Brandfall primär mit der Rauchbildung und nicht mit Wärme oder Wärmestrahlen rechnet, sind Rauchmelder die einzig sinnvollen Brandmelder.

– Man wählt heute optische Rauchmelder (abgekürzt: O-Melder), die zwar noch erlaubten Ionisations-Rauchmelder (abgekürzt: I-Melder) sind aus Gründen des Strahlenschutzes und vor allem aus Gründen der Problematik der Entsorgung nach einem Brand nicht mehr zu wählen.

– Tipp: Noch vorhandene I-Melder sollen bei der nächsten Wartung oder Inspektion gegen O-Melder ausgetauscht werden, weil die Ionistationsmelder aufgrund des beinhaltenden radioaktiven Präparats nach einem Schadenfall für immensen Ärger und hohe Kosten sorgen können.

– Rauchmelder (egal, ob I- oder O-Melder) sind bis Raumhöhen von 12 m bedenkenlos zugelassen für Räume.

– Rauchmelder dürfen entsprechend der Herstellerangaben im allgemeinen bis Luftgeschwindigkeiten von 20 m/s (ca. 70 km/h) betrieben werden; ansonsten benötigt man Rauchgas-Ansaugsysteme für Bereiche, in denen höhere Luft-Durchsatzgeschwindigkeiten auftreten können, ohne die Messergebnisse negativ zu beeinflussen.

– Rauchmelder können bis zu einer Feuchtigkeit von 95 % relativer Luftfeuchtigkeit eingesetzt werden.

– Allgemein gilt für die Melderdichte: Anzahl und Anordnung der Rauchmelder ist so zu wählen, dass Brände in der Entstehungsphase zuverlässig erkannt werden können (z.B. auf Luftströmungen durch

Klimaanlagen, Produktionsanlagen sowie Fenster, Oberlichte und Türen achten).

– In jedem Raum des Überwachungsbereichs, auch in kleinen Räumen, muss es nach der CEA 4040 mindestens einen Melder geben (Anmerkung: Das macht auch Sinn, ansonsten wird der große Vorteil von automatischen Brandmeldern, die Brandfrüherkennung, ad absurdum geführt).

– Allgemein gilt für Rauchmelder:

  – Bei Räumen bis 80 m² Grundfläche: 80 m² je Melder;

  – Bei Räumen über 80 m² Grundfläche: 60 m² bei einer Raumhöhe bis 6 m und 80 m² bei einer Raumhöhe über 6 m (gemessen von der Oberkante des Doppelbodens, nicht vom Rohboden aus) je Melder;

  – Dabei gilt noch zusätzlich, dass von irgend einem Punkt an der Decke der horizontale Abstand zum nächsten Melder nicht mehr als 6,7 m (bei Räumen bis 80 m² Grundfläche und bis 12 m Raumhöhe oder bei Räumen über 80 m² und mit einer Raumhöhe von über 6 m) bzw. 5,8 m (bei Räumen über 80 m² Grundfläche und bis 6 m Raumhöhe) betragen darf.

– Speziell für EDV-Bereiche gilt lt. CEA 4040 (wenn die EDV-Bereiche mindestens feuerhemmend oder höherwertiger von den angrenzenden Bereichen abgetrennt sind):

  – Für abgehängte Decken (so vorhanden):

    – Maximal 40 m² je Rauchmelder,

    – Maximal zulässiger horizontaler Abstand irgend eines Punktes der Decke zum nächsten Melder: 4,73 cm.

  – Für den Raum:

    – Maximal 25 m² je Rauchmelder,

    – Maximal zulässiger horizontaler Abstand irgend eines Punktes der Decke zum nächsten Melder: 3,75 cm.

  – Für den Doppelboden (so vorhanden):

    – Maximal 40 m² je Rauchmelder,

    – Maximal zulässiger horizontaler Abstand irgend eines Punktes der Decke zum nächsten Melder: 4,73 cm.

– Speziell für die an die EDV-Bereiche angrenzenden Räumlichkeiten wie Arbeitsvorbereitung, Peripheriegeräte, Elektrogeräte usw. gilt (wenn die EDV-Bereiche mindestens feuerhemmend oder höherwertiger von den angrenzenden Bereichen abgetrennt sind):

– Für abgehängte Decken (so vorhanden):

   – Maximal 60 m² je Rauchmelder,

   – Maximal zulässiger horizontaler Abstand irgend eines Punktes der Decke zum nächsten Melder: 5,81 cm.

– Für den Raum:

   – Maximal 40 m² je Rauchmelder,

   – Maximal zulässiger horizontaler Abstand irgend eines Punktes der Decke zum nächsten Melder: 4,73 cm.

– Für den Doppelboden (so vorhanden):

   – Maximal 60 m² je Rauchmelder,

   – Maximal zulässiger horizontaler Abstand irgend eines Punktes der Decke zum nächsten Melder: 5,81 cm.

– Für weitere an diese Räumlichkeiten angrenzenden Räume, die nicht dem EDV-Bereich zugehörig sind, gilt (wenn die EDV-Bereiche mindestens feuerhemmend oder höherwertiger von den angrenzenden Bereichen abgetrennt sind): Pauschal ist keine Überwachung erforderlich, diese wäre aber äusserst sinnvoll; evtl. kann es jedoch sein, dass die Baugenehmigung oder die Betreibergenehmigung oder der Versicherungsvertrag es vorsehen, dass auch diese Bereiche überwacht werden müssen.

– Bei Anordnung der Rauchmelder in Zweimelderabhängigkeit sind die eben genannten Überwachungsbereiche je Melder um mindestens 30% zu reduzieren.

– Ist die Zweimelderabhängigkeit für die Ansteuerung von einer automatischen Löschanlage gedacht (meist: vorgesteuerte Sprinkleranlage), so sind die genannten Überwachungsbereiche je Melder um 50% zu reduzieren.

Auch wenn man durch Verzögerungen den großen Vorteil von automatischen Brandmeldeanlagen zum Teil kompensiert (nämlich die baldmögliche Alarmmeldung), so mag es doch Bereiche, Anlagen oder Situationen geben, wo man darüber nachdenken muss und wo die Alarmverzögerung eine tragbare Alternative zur direkten Alarmierung ist. Dies zum einen, um Kosten zu sparen, aber natürlich auch, um die Zeit der Feuerwehrleute nicht unnütz zu vergeuden. Vor allem, wenn Menschenleben nicht gefährdet sind, kann man über solche Alternativen nachdenken. Möglich ist z.B.:

- Alarmweiterleitung nur außerhalb der Anwesenheit von Mitarbeitern;

- Einteilung in Voralarm und Hauptalarm; der Voralarm wird intern gemeldet, der Hauptalarm geht dann direkt und verzögerungsfrei zur Feuerwehr;

- alte (bewährte, aber teure) Technik: Brandmeldeanlagen mit erhöhter Zuverlässigkeit (sog. Duo-Technik); d.h. dass es eine 2-Melder-Abhängigkeit gibt (nur wenn zwei Melder aus einem Überwachungsbereich Alarm melden, gibt es Alarm); lt. VdS die Melderdichte um 30 – 50% erhöhen;

- Rauchgas-Ansaugsysteme haben drei Alarmstufen und individuell eingestellte Werte: Infoalarm, Voralarm und Hauptalarm; nur der Hauptalarm wird direkt durch geschaltet;

- eingebaute Alarmverzögerung z.B. 30 s, damit kann man kurzfristig auftretende Störgrößen ausblenden;

- Zentrale mit Meldereinzelidentifizierung anschaffen (d.h. man kann „problematische" Melder gezielt angehen, Ursachen analysieren, …);

- Filter, Schutz- bzw. Prallblech am/vor dem Melder anbringen;

- andere Melderart für einzelne Melder wählen;

- man misst zwei physikalisch unterschiedliche Prinzipien (Rauch und Wärme) und schaltet diese miteinander nicht ODER, sondern UND.

Brandmeldeanlagen können äußerst effektiv und damit sinnvoll sein; aber nur, wenn wirklich überall Melder vorhanden sind (Keller, Dachstuhl, jeder Raum, Doppelboden, abgehängt Decke usw.) und wenn jede Meldung sicher und schnell verfolgt wird. Es entspricht in vielen Ländern der Welt dem Stand der Technik, selbst Bürobereiche mit automatischen Brandmeldern zu versehen und in Deutschland ist dieser Trend ebenfalls festzustellen: Nicht nur in Lagern und Produktionsbereichen, sondern überall sollte es automatisch meldende Brandmelder geben – um jeden Brand so früh wie möglich gemeldet zu bekommen, damit man schnellst möglich reagieren kann.

Tipp: Installieren Sie vor und in Schlafräumlichkeiten und Kinderspielzimmern zu Hause Rauchmelder (nicht jedoch in Küchen). Diese Heimbrandmelder beinhalten Sirene, Stromversorgung und die optische Rauchdetektion in einem kleinen Gehäuse, das an der Raumdecke verdübelt wird. Diese Empfehlung ist momentan (Stand: 02/09) lediglich in sieben Bundesländern Deutschlands bei Neubauten (nicht jedoch im Bestand, wo es häufiger brennt!) Pflicht, könnte aber jährlich ca. 200 Menschen das Leben retten. Nach einem Brand Ende 2005 mit Rauchtoten wurde in Nordrhein-

Westfalen die Empfehlung einer Rauchmelderpflicht geprüft, aber noch nicht beschlossen.

4.2.2 Brandlöschanlagen

Eine Dimension teurer, aber auch sicherer und effektiver als Brandmelde-anlagen sind automatische Löschanlagen; diese werden oft von Zertifizie-rern, Versicherern, Behörden oder Abnehmern gefordert. Es gibt welche als Gebäudeschutzanlage und solche zum Geräteschutz bzw. zum Anla-genschutz. Wasserlöschanlagen, in der Regel Sprinkleranlagen gelten als Gebäudeschutz, Geräteschutzanlagen sind Objektlöschanlagen, diese funktionieren meist mit einem Löschgas oder mit der einfachen, auto-matischen Stomabschaltung. Brandlöschanlagen können unterschiedlich löschen:

- Wasserlöschanlagen:
  - Sprinkleranlagen
  - Berieselungsanlagen
  - Sprühflutanlagen
  - Wasservernebelungsanlagen
- Gaslöschanlagen:
  - CO_2-Löschanlagen (Raum/Geräte; Hochdruck/Niederdruck)
  - Argon-Löschanlagen
  - Inergen-Löschanlagen, Inergen ist ein Gasgemisch: 8% CO_2, 42% Ar, 50% N_2)
- Permanentinertisierung, d.h. der Sauerstoffgehalt der Luft wird von den üblichen 21 Volumen-Prozent abgesenkt auf einen Schwellenwert, bei dem man zwar noch gut atmen und somit leben kann, bei dem ein Brand von Leitungen und anderen Feststoffen jedoch nicht mehr mög-lich ist (O_2-Konzentration von 21% auf ca. 15% abgesenkt)
- Schaumlöschanlagen (Schwer-, Mittel-, Leichtschaum)
- Pulverlöschanlagen
- Funkenlöschanlagen oder Funkenausscheideanlagen (installiert in Rohrleitungen)
- Explosionslöschanlagen (für Reaktorkessel)

Die rote Farbe der Sprinklerköpfe sagt aus, dass die Auslösung bei 68 °C erfolgt.

Der große Vorteil einer automatischen Löschanlage ist der Zeitvorteil zwischen dem Brandausbruch und dem Brandlöschen, weil hier die Verzögerung klein bleibt. Zudem wird immer das richtige Löschmittel verwendet und die Anlage kann jederzeit Löschen. Das Löschen bedeutet keine Personengefährdung, weil es auch ohne Anwesenheit von Personen funktioniert und Brände werden gelöscht, bevor sie groß geworden sind, nämlich während des Entstehens. Somit werden Großbrände meist sehr zuverlässig vermieden. Sobald eine Brandlöschanlage aktiviert wird, ruft die Technik automatisch die Feuerwehr. Personen, Gebäude und Inhalte werden optimal geschützt und die Betriebsunterbrechungen werden durch das schnelle und effektive Brandlöschen auf ein Minimum reduziert. Deshalb geben die Feuerversicherungen auch bis zu 65 % Rabatt auf diese Brandschutztechnik.

Es gibt folgende Art der Wasserlöschanlagen (Sprinkleranlagen):

– Trockenanlage (hier besteht Frostgefahr, oder die Temperatur kann über 100 °C liegen; in beiden Fällen würde das Wasser als Eis oder

Dampf die Leitungen zerstören, deshalb sind die Rohrleitungen mit Luft gefüllt. Im Brandfall wird erst das Rohrleitungssystem mit Wasser geflutet und an den Stellen, wo die Sprinklerköpfe zerstört worden sind, tritt dann das löschende Wasser aus);

- Nassanlage (das Rohrleitungssystem ist komplett mit Wasser gefüllt; geht ein Sprinklerkopf auf, tritt unverzüglich Wasser aus);

- Tandemanlage (Kombianlage: Nass für nicht frostgefährdete Bereiche und eine Trockenanlage für frostgefährdete Bereiche);

- Schnellanlage (Trockenanlage, bei der ein Brandmelder oder ein Sprinkler die Anlage auslöst);

- Vorgesteuerte Anlage (ein Brandmelder und mindestens ein Sprinklerkopf lösen die Anlage aus).

Die Art der Ansteuerung kann vollautomatisch ablaufen und das ist auch grundlegend empfehlenswert. Dann gibt es noch die Möglichkeit der manuellen Auslösung mit dem Risiko, dass die Schwachstelle „Mensch" eingebaut ist und schließlich gibt es noch Brandlöschanlagen mit manueller Löschmitteleingabe; diese sind z.B. bei Silos oder Filteranlagen empfehlenswert, wenn ein Rohrsystem in diese Anlagen eingebaut ist und zugleich auch ein Wärmemelder. Spricht einer der Melder an, brennt es in der Anlage. Nun kann man an einer anderen Stelle, wo man von dem Feuer nicht bedroht ist, Wasser in ein Rohrsystem einspritzen und das Wasser geht direkt in die Anlage und löscht dort das Feuer.

Sprinkleranlagen wurden bis 2005 nach der Richtlinie VdS 2092 konzipiert; Anlagen, die ab dem 1. 1. 06 in Auftrag genommen wurden, plant man nach der Europanorm CEA 4001. Altanlagen dürfen jedoch weiter so betrieben und gewartet werden, wie es der Hersteller vorgibt; Wesentliches hat sich nicht verändert. Die CEA 4001 mit 256 Seiten beinhaltet die Punkte, nach denen eine Anlage geplant, errichtet, erhalten und instandgesetzt bzw. geprüft wird. Nachfolgend werden nur einige wenige, aber wesentliche Punkte aus diesen 256 Seiten wiedergeben. Nach wie vor sollen bzw. müssen Sprinkleranlagen Brände im Entstehungsstadium erkennen können und sie löschen, mindestens aber begrenzen; so ein Löschen nicht möglich ist, wie evtl. bei KLT-Behältern (Kleinladungsträger) mit doppelwandigen Behältern, wird zumindest eine Alarmierung und eine Brandbegrenzung erreicht, das Ablöschen geschieht dann manuell durch die Feuerwehr.

Da man nicht weiß, an welcher Stelle eines Gebäudes ein Brand ausbricht, soll ein Gebäude auch zu 100% mit Sprinklerschutz versehen sein, denn eine Sprinkleranlage kann einen Entstehungsbrand, nicht aber einen großen Vollbrand löschen. Will man davon abweichen, so nur fachlich gut begründet und dies gilt lediglich für definierte Bereiche oder solche mit feuerbeständiger Abtrennung, also beispielsweise wenn ein Gebäude mit einer Brandwand vertikal getrennt ist. Dann kann eine Seite gesprinklert sein, die andere soll es sein, muss es aber nicht, weil der Brand von der einen zur jeweils anderen Seite nicht überspringen kann (ein intaktes Gebäude vorausgesetzt). Folgende Ausnahmen sind bei einer Vollsprinklerung möglich (diese können, müssen aber nicht ungesprinklert bleiben):

– Wasch- und Toilettenräume (aber nicht Umkleideräume),

– brandlastfreie und brandschutztechnisch abgetrennte Treppenräume,

– feuerbeständige Schächte ohne brennbare Materialien,

– Bereiche, die mit anderen Löschanlagen geschützt sind,

– technische und elektrische Betriebsräume bis 150 m², wenn diese feuer-beständig umgeben sind und mindestens feuerhemmende Zugangstüren haben,

– Kühlräume bis 20 m² oder mit F 60-Wänden/Decken und T 30-Zu-gangstüren bis 60 m²,

– Wohnungen bis 150 m² in ansonst gesprinklerten Gebäuden,

– Kriechkeller ohne brennbare Materialien,

– feuerbeständig abgetrennte Büros bis 150 m²,

– Zwischendecken und Zwischenböden bis 80 cm Höhe, wenn sie maximal 3,5 kWh/m² Brandlasten enthalten (Anmerkung: Das ist sehr wenig, vielleicht 2 Leitungen auf einer Breite von je 1,5 m, d. h. EDV-Bereiche liegen immer wesentlich oberhalb).

Ebenfalls kann man bei Silos auf Sprinklerschutz verzichten, wenn das Löschwasser zum Quellen des gelagerten Produkts führen würde oder auch zu statischen Problemen (Achtung: Das kann tödlich für die Löschkräfte der Feuerwehr sein!). Bei Industrieöfen, Pfannen und Friteusen ist Sprinklerlöschwasser nicht nur ineffektiv, sondern evtl. lebensgefährlich und deshalb dürfen dort auch keine Sprinkler montiert werden. Hier gibt es entweder keine Löschanlagen (Industrieofen), oder spezielle Anlagen (für Friteusen ab 50 l Füllvolumen gefordert, für solche mit weniger Füllmenge sinnvoll).

Sprinklerköpfe müssen sich unter den Decken befinden und wenn gelagert wird, auch – abhängig von der Lagerhöhe, der Lagerart, dem Regalsystem und dem Lagergut – in Regalen und in Zwischenböden (so dort Brandlasten sind).

Der Betreiber braucht eine verantwortliche Person und einen Stellvertreter, die vom Errichter entsprechend unterwiesen sind und die dafür sorgen können, dass die Anlage im ordnungsgemäßen Zustand bleiben bzw. bei Mängeln unverzüglich für Abhilfe gesorgt wird. Diese Personen müssen die Anlage gemäß der Richtlinie überprüfen, der sie entsprechen muss. Die Anlage muss betriebsbereit sein, nach den Errichtervorgaben überprüft, gewartet und überwacht werden. Festgestellte Fehler und Mängel müssen in den vom qualifizierten Wartungstechniker vorgegebenen Fristen beseitigt werden.

Die Richtlinie kennt drei Brandgefahren: Klein (LH), mittel (OH) und groß (HH).

LH-Bereiche dürften für Unternehmen weniger relevant sein, denn es handelt sich um eine nichtindustrielle Nutzung; hier sind die geschützten Bereiche von nicht gesprinklerten Bereichen mindestens feuerhemmend abgetrennt und nicht größer als 126 m^2.

OH-Risiken sind im Handel und in der Industrie möglich; hier wird die maximale Brandlast berücksichtigt und deshalb gibt es eine Einteilung in vier Unterklassen, OH1 bis OH4. Lagerblocks bis 216 m^2 (einen Freistreifen um sie herum mit eingerechnet) sind hierbei möglich. Wird beispielsweise ein Lager in OH3 eingestuft, dann braucht man einen 2 m breiten Freistreifen und je nach Lagergut und Lagerart darf man 1,2 m bis 4 m hoch lagern (kommt dann eine darüber liegende Sprinklerung, so ist höheres Lagern erlaubt).

HH-Risiken teilen sich in HHP-Risiken (das betrifft Handel und produzierende Industrie) und HHS-Risiken (das betrifft die Lagerung von Produkten). Auch hier gibt es in beiden HH-Bereichen die Einstufung in vier Unterklassen, je nachdem, wie viele Brandlasten vorhanden sind: HHP 1 – HHP4 bzw. HHS 1 – HHS 4.

Die minimale Wasserbeaufschlagung liegt zwischen 2,25 mm und 12,5 mm pro Minute, wodurch man eine Wirkfläche der Anlage von rechnerisch 72 – 360 m^2 erreichen kann. Gibt es lediglich einen Deckenschutz, so müssen die Mindest-Löschwassermengen zwischen 7,5 mm und 30 mm pro Minute bei einer maximalen Lagerhöhe von 1,6 – 5,7 m liegen (je nach Klassifizierung). Sprinkleranlagen müssen 30 (LH), 60 (OH) oder 90 (HHP, HHS) Minuten einsatzbereit sein; entsprechend ist auch die Löschwassermenge zu dimensionieren. Als zweite Energie wird eine Notstromanlage gefordert, die mit Diesel betrieben wird. Üblich sind sog. Nassanlagen, d. h. Wasser steht unter Druck in den Leitungen direkt an den Sprinklerköpfen an. Diese Anlagen dürfen bis maximal 95 °C Umgebungstemperatur betrieben werden und wenn die Umgebungstemperatur die

Frostgrenze (0 °C) erreichen oder gar unterschreiten sollte, so besteht die reale Gefahr, dass die Anlage durch das sich ausbreitende Wasser aufgrund des Gefriervorgangs zerstört wird. Um dem vorzubeugen, gibt es verschiedene Möglichkeiten: Man kann eine Trockenanlage montieren, d. h. das Löschwasser wird erst dann in die Rohre eingegeben (und zwar aus einem frostsicheren Bereich), wenn es brennt; davor ist Druckluft oder ein anderes Gas in der Leitung. Zweitens kann man die Rohre von Nassanlagen beheizen (Begleitheizung), wenn sie noch zusätzlich nichtbrennbar ummantelt sind. Wenn die tiefste Temperatur bekannt ist, kann man auch ein Frostschutzmittel dem Löschwasser beigeben und somit weiterhin eine Nassanlage betreiben.

Die Sprinklerköpfe sollen aus verschiedenen Gründen möglichst stehend und nicht hängend montiert werden; zum einen sind mechanische Beschädigungen somit weit weniger möglich; zum anderen kann sich keine Schmutzansammlung in den nicht geöffneten Sprinklerköpfen bilden und drittens ist das Entwässern einer solchen Anlage wesentlich leichter und effektiver (insbesondere bei Trockenanlagen ist das von Bedeutung).

Die maximale Anzahl der an einem Nassalarmventil angeschlossenen Sprinkler liegt bei 500 (LH) bzw. 1.000 (OH, HH) Sprinklerköpfen. Hierzu ein Rechenbeispiel aus der CEA 4001: Ein niedriges Lagergebäude mit 160 m Länge und 54 m Breite hat eine Fläche von 8.640 m^2; es soll mit Decken-Sprinklerschutz versehen werden. Angenommen, ein Sprinklerkopf kann 9 m^2 abdecken, so ergibt die Division von 8.640 m^2 mit 9 m^2 die Zahl 960. Man benötigt also mindestens 960 Sprinklerköpfe. Weiter angenommen, dass man aufgrund der geringen Brandlast lediglich 5 mm pro Minute auf dem Boden an Wasserhöhe erreichen muss, dann wäre dies ein Volumen von 43.200 l/min.; ein Sprinklerkopf müsste demnach 43.200 l/min.: 960 Sprinkler = 45 Liter pro Sprinkler und Minute hervorbringen. Pro 1 m^2 entsprechen 5 mm Wasserhöhe 5 l/min.

Die maximale Schutzfläche je Sprinkler variiert zwischen 9 und 21 m^2, je nach Art des Sprinklerkopfs. Sprinklerköpfe sind maximal 3,7 bis 6,1 m voneinander entfernt und nicht näher als 2 m aneinander liegend. Eine gesprinklerte Rampe im Freien vor Lagergebäuden (das wird nötig, wenn dort auch Lagergut abgestellt wird, wovon eigentlich immer auszugehen ist) darf die Köpfe nicht mehr als 1,5 m vom Dachrand entfernt haben; hier ist zu beachten, dass dieser Bereich im Freien unter 0 °C liegen und somit gefrieren kann. Man wird also wohl eine Tandemanlage (das ist die Kombination einer Trockenanlage für den frostsicheren Bereich innen und einer Nassanlage für die Rampe) installieren. Um Rolltreppen (beispielsweise in Kaufhäusern) wird mit einer verdichteten Sprinklerkopfdichte das Risiko der Deckenöffnung kompensiert; hier sind die Köpfe 1,5 m bis maximal 2 m voneinander entfernt; so eine verdichtete Sprinklerkopfanzahl kann auch bei Hochhäusern an den Fensterfronten gefordert werden. Die maximalen vertikalen Abstände im Lagerbereich in HHS-Lagern zeigt die nächste Tabelle, wobei unterschieden wird, ob die Lagerböden Wasser durchlassen können oder wasserundurchlässig sind:

Lager	offen	zu
HHS1	5 m	4 m
HHS2	4 m	3,1 m
HHS3	3,5 m	2,1 m
HHS4	2 m	1,2 m

Je nach Lagergut (HHS1 – HHS4) und Lagerhöhe (1,2 m – 5 m) sind 5 bis 10 mm/min. Löschwasser nötig; nach der o. a. Rechnung müsste also ein Sprinkler dann maximal 90 l pro Minute Wasser versprühen können. Wie bereits bei der VdS 2092 sind die Farben der Glasfässchen ausschlaggebend für die Auslösetemperatur: Orange (57 °C), rot (68 °C), gelb (79 °C), grün (93 – 100 °C), blau (121 – 141 °C), lila (163 – 182 °C) und schwarz (204 – 260 °C). Bei auch erlaubten Schmelzlot-Sprinklerköpfen liegen die Auslösetemperaturen (ebenfalls farblich markiert) zwischen 57 °C und 343 °C. Es ist jedoch zu berücksichtigen, dass die zur Auslösung nötige Umgebungstemperatur um einige °C höher liegen muss, um im Sprinklerkopf die Auslösetemperatur zu bewirken.

Wird eine Anlage errichtet, muss der Hersteller ein Installationsattest abgeben und einen kompletten Satz an Bedienungsanleitungen; zudem ist Personal in der Handhabung der Anlage einzuweisen und es gibt sowohl einen Prüfungsplan als auch Service- und Wartungspläne sowie auch ein Betriebsbuch (gemäß VdS 2212). Man muss bei LH-Anlagen mindestens 6 Sprinklerköpfe bevorraten, bei OH-Anlagen 24 und bei HH-Anlagen 36. Es gibt Vorgaben, was man täglich und wöchentlich prüfen muss; bei der täglichen Prüfung darf ein um einen Tag verlängertes Wochenende zwischen 2 Prüfterminen liegen, maximal also 3 Tage. Dabei sind Wasser- und Luftdruck zu prüfen, die Dieselpumpe, der Ölstand am Kompressor sowie die betriebsbereite Stellung der Armaturen. Darüber hinaus gibt es vierteljährliche Routineinspektionen, halbjährliche Inspektionen sowie auch solche, die nach 3 Jahren, 15 Jahren und 25 Jahren (früher: nach 30 Jahren) durchzuführen sind.

Besonders von Interesse dürfte es für den betrieblichen Praktiker sein, wie zu verfahren ist, wenn die gesamte Anlage oder Teilbereiche von ihr außer Betrieb genommen wird; das kann nötig sein bei Reparaturen, Instandsetzungen oder zum Austauschen von Sprinklerköpfen. Folgende Punkte sind dabei zu beachten:

- Es sind nur die Bereiche abzuschalten, die unbedingt nötig sind, möglichst keine anderen.

- Ist die Anlage zur Feuerwehr aufgeschaltet, wird die Feuerwehr vorab über das Inaktivieren informiert.

- Maßnahmen an der Sprinkleranlage dürfen während der normalen Arbeitszeiten durchgeführt werden, d. h., man muss nicht bis nach Arbeitsende warten.

- So möglich, soll der Betrieb in der Zeit ruhen (stehende Maschinen).

- Finden die Arbeiten außerhalb der Arbeitszeit statt, so sind alle Brandschutztüren und die Feuerschutzklappen in Lüftungsanlagen zu schließen.

- Rauchen und offenes Feuer sind in dieser Zeit verboten.

- Es muss einen Erlaubnisschein für anstehende feuergefährliche Arbeiten geben.

- Das für die Anlage zuständige Überwachungspersonal ist über die Inaktivierung zu informieren.

Es kommen bis zu 200 l/min. Wasser je Sprinklerkopf heraus; sind also fünf Sprinkler offen und die Feuerwehr ist nach 10 Minuten vor Ort, sind bereits 10.000 l Wasser ausgetreten.

Es gibt völlig unterschiedliche Sprinklerköpfe, je nachdem, wo sie eingesetzt werden sollen:

- Es gibt stehende und hängende Sprinkerköpfe; bei trockenen Anlagen sind stehende Köpfe besser, weil sich dort im Anschluss kein Restwasser sammeln kann, das dann zu Durchrostungen führen kann; ebenfalls sind in niedrigen Bereichen stehende Köpfe bescr, weil Verletzungen beim Anstoßen mit dem Kopf wesentlich harmloser sind, wenn man sich lediglich am Rohr und nicht am Prallteller des Sprinklers anstößt. Ebenfalls sind in Regallagern stehende (oder auch seitlich angebrachte) Sprinkler sinnvoll, wenn die Gefahr der Beschädigung besteht.

- Der RTI-Wert (response time index) für Sprinklerköpfe gibt Auskunft über das Ansprechverhalten; er reicht von ca. 50 (schnell ansprechend) bis 200 (träge); je dicker ein Sprinklerkopf ist, umso träger ist er.

- Dicke Sprinklerköpfe mit roter Flüssigkeit sprechen bei 68 °C Temperatur der Flüssigkeit an; das Glas isoliert jedoch so gut und gleichzeitig leitet das metallene Rohrsystem Wärme ab, sodass man hier eine Umgebungstemperatur von ca. 130 °C benötigt, bis die erforderliche Temperatur den Sprinkler zerstört und Wasser austreten lässt.

– Die Art des Wasserauswurfs ist je nach Einsatzzweck völlig unterschiedlich:

– Es gibt für den Normalfall Rundsprinkler (kreisrund, 360 °) mit Sprinklerradius von 1,7 m bis 2 m und somit einer Benetzungsfläche von 9 – 12 m².

– Es gibt Deckensprinkler und Seitensprinkler; seitlich angebrachte Sprinkler sind in Regallagern oft besser, weil beim Ein- und Auslagern die Köpfe nicht so leicht beschädigt werden können.

– Es gibt Weitwurfsprinkler, z.b. mit 45 °-Auswurf; diese können einen schmalen, langen Raum (z.b. einen Flur) gut abdecken.

– Es gibt 180°-Sprinkler, die entlang einer Wand installiert werden; hier ist es nicht nötig, dass die Wand angespritzt wird, sondern lediglich der Bereich davor.

Neben den konventionellen Sprinkleranlagen haben seit Mitte der 90er Jahre auch Hochdruckanlagen ihren Weg in die Industrie gefunden. Sinn dieser Technik ist es, den Löschwasserschaden absolut minimal zu halten. So ein Sprinklerkopf lässt dann lediglich einige l Wasser pro Minute heraus; dieses Wasser wird aber so fein zerstäubt und so kann es wesentlich effektiver löschen. Während ein normaler Sprinkler 50 bis 150 l Wasser je Minute passieren lässt, kommen aus einem solchen Hochdrucksystem vielleicht 8 oder 12 l je Minute.

Es ist verständlich, dass hier eine andere Technik mit einem anderen Rohrleitungssystem zum Einsatz kommen muss. Diese Hochdrucktechnik soll immer dann eingesetzt werden, wenn Löschwasser zu großen Schäden führen kann. Es ist auch zu berücksichtigen, dass seitlich und unten geschlossene Lagerbehälter das Löschwasser aufnehmen und dadurch das zulässige Höchstgewicht je Regal überschreiten lassen können: Einstürzende Regalsysteme, die das tonnenschwere Wassergewicht nicht aushalten und eventuell getötete Feuerwehrleute im Gefahrenbereich sind dann möglich. Bei einem Hochdrucksystem passieren solche Unfälle nicht.

Fein verteiltes Wasser lässt sich nicht so weit werfen wie das Wasser aus einem Sprinklerkopf, deshalb benötigen diese Hochdruckanlagen oder auch Wasservernebelungsanlagen genannt auch eine horizontal und vertikal dichtere Anzahl an Sprinklerköpfen. Hintergrund dieser Technik ist folgender: Das bei einer konventionellen Sprinkleranlage verdampfende Wasser löscht zu ca. 95%, das lediglich erwärmte Wasser zu ca. 5%. Das bedeutet, dass das anschließend noch vorhandene Wasser nur zu 5% gelöscht hat und das nicht mehr sichtbare Wasser praktisch den gesamten Löschvorgang vorgenommen hat. Wasserdampf (sehr große Oberfläche, sehr kleines Volumen) kann wesentlich mehr und vor allem auch wesentlich schneller Energie aufnehmen als Wasser und diese physikalische Tatsache macht man sich mit dieser intelligenten und schadenminimierenden Technik zugute. Mit Hochdrucksystemen sind auch brennbare Flüssigkeiten und Kabelkanäle optimal zu schützen und auch bei elektrischen Anlagen kann dieses System eingesetzt werden.

Neben den Löschanlagen mit Wasser gibt es die Löschanlagen mit Löschgasen. Diese werden primär in Bereichen mit brennbaren Flüssigkeiten, evtl. auch brennbaren Gasen und auf jeden Fall im Bereich von elektrischen und elektronischen Anlagen und Geräten eingesetzt. Alle jedoch löschen durch die Verdrängung des Sauerstoffs und deshalb muss man sich immer um den Personenschutz kümmern, denn kein Gegenstand ist so schützenswert, dass man dafür Menschenleben riskieren darf. Besonders häufig kommen Gaslöschanlagen mit CO_2 zum Einsatz. Diese Kohlendioxid-Löschanlagen werden nach der VdS-Richtlinie 2093 oder der CEA 2008 ausgelegt, diese sieht u.a. vor:

– Die Ansteuerung erfolgt über eine Brandmeldeanlage.

– Diese Brandmeldeanlage muss nach DIN EN 54 und VDE 0833 und der VdS-Richtlinie 2095 ausgelegt sein, sowie nach der VdS 2496.

– Gaslöschanlagen sind konzipiert, um einen Entstehungsbrand zu löschen und nicht, um einen Vollbrand zu löschen.

– CO_2-Löschanlagen löschen durch Ersticken, d.h. durch Verdrängen des Luftsauerstoffs.

– Die Löschanlagen sind geeignet für Flüssigkeiten, Gase, Elektroanlagen.

– Sie sind immer ungeeignet für Feststoffe, weil das Löschgas die Glut nicht löschen und nicht ausreichend kühlen kann, dadurch kann es nach dem Abbau der Gaskonzentration zu einer Rückzündung kommen.

– Kohlendioxid ist immer lebensgefährlich.

– Die Anlage darf nur durch einen qualifizierten Errichter installiert werden.

– Die Wände der durch die Anlage geschützten Bereiche müssen mindestens feuerbeständig ausgelegt sein und sie dürfen nicht undicht sein (damit das Löschgas nicht in benachbarte Bereiche eindringen kann und dort Menschenleben gefährden kann).

– Der Betreiber muss 100% Reserve am CO_2 bevorraten.

- Die Zentrale darf nicht unter 0 °C Temperatur haben und auch nicht über 35 °C.

- Die Zentrale muss außerhalb des Löschbereichs liegen und absolut frei gehalten sein; d.h. hier dürfen keine anderen betrieblichen Aktivitäten wie Lagern oder Arbeiten stattfinden.

- Der Abstand der Löschdüsen muss mindestens 30 cm betragen.

- Will man EDV-Geräte schützen, ist eine Geräteflutung einer Raumflutung vorzuziehen (damit braucht man wesentlich weniger Löschgas und dieses wenige Löschgas wird gleichzeitig intelligenter, sinnvoller und effektiver eingesetzt – nämlich exakt an der Stelle, wo es benötigt wird).

- Besondere Einsatzbereiche sind:

  - Elektrogeräte, elektronische Geräte (EDV-Anlagen)

  - Ölbäder, Friteusen

  - Walzwerke, Druckmaschinen

- Die Anlage benötigt eine Schwundanzeige ab 90% des benötigten Löschgases.

- Die Rohre sind nach DIN 2448/2458/2391 auszulegen.

- Werden die Rohre geschweißt, so muss es nach DIN EN 287 geprüfte Schweißer geben, die eine besondere Qualifikation benötigen (T BW W01).

- Es muss ein sicheres Verlegen der Rohre geben, d.h. Fahrlässigkeit und übliche betriebliche Aktivitäten dürfen die Rohre nicht beschädigen.

- Man muss präventiv auf Störquellen achten, insbesondere auf:

  - Betriebliche Aktivitäten

  - mögliche Temperaturen

  - evtl. auftretende Luftbewegungen

  - Staub, Aerosole, Dämpfe

  - Erschütterung

Löschgase werden aus offenen Düsen in einem Bereich ausgebracht, nicht wie die Sprinkleranlagen aus geschlossenen Sprinklerköpfen lediglich im Brandbereich. Bei Löschgasen ist es wichtig, dass die löschfähige Konzentration in wenigen Sekunden eingebracht und dann eine bestimmte Zeit aufrecht gehalten wird. Deshalb löst eine Brandmeldeanlage (Rauchmelder) die Löschanlage aus und nicht wie bei der Sprinkleranlage die platzenden Sprinklerköpfe. Es ist nötig, dass in einem Gefahrenbereich immer

145

mindestens zwei Rauchmelder im gleichen Zeitfenster Alarm detektieren, um die Anlage auszulösen.

Hat man in einem Raum drei Ebenen, also etwa in einem Rechenzentrum eine abgehängte Decke, den Raum und den Doppelboden, so sind alle drei Ebenen mit Löschdüsen zu versehen und es kann partiell im Raum, in der abgehängten Decke oder im Doppelboden eine Flutung geben.

Kohlendioxid ist nicht sichtbar, man sieht lediglich beim schnellen Austreten den Wasserdampf, der aufgrund der schnellen Raumabkühlung dort kondensiert. Ebenfalls ist Kohlendioxid nicht zu riechen, jedoch ist das Löschgas seit einem Unfall mit zwei Todesopfern mit einem übel riechenden Stoff versehen, damit man die Vergiftung bzw. auch den langsamen Gasaustritt spürt. Dennoch wird empfohlen, über harmlosere Alternativen wie Geräteflutung, Geräteabschaltung oder Wasserhochdruckanlagen nachzudenken und nicht pauschal in Löschgasen die Lösung zu sehen.

4.2.3 Rauchabzug

Nach DIN 18232 werden die Rauch- und Wärmeabzugsanlagen (RWA) unterschieden in Natürliche Rauchabzuganlagen (NRA) und in Maschinelle Rauchabzugsanlagen (MRA). Für einen Bereich gibt es entweder NRA, oder MRA, niemals aber beide Techniken gleichzeitig. Natürliche Rauchabzugsanlagen nutzen für den Rauchabzug die natürliche Strömung aus, die sich durch die heißen Brandgase ausbildet und durch das Zusammenwirken von Zuluft- und Abluftflächen in einer Strömungsrichtung verläuft: Lediglich in Eishallen steigt Brandrauch nicht nach oben. Mechanische Rauchabzugsanlagen werden durch ein Rauchabzugsgerät betrieben, im Wesentlichen ein Lüftungsgerät, das die heißen Brandgase absaugt und ins Freie bläst. Da die Brandgase durch das Lüftungsgerät strömen, muss das Rauchabzugsgerät in gewissen Grenzen temperaturbeständig sein.

Einsatzmöglichkeiten für RWA-Anlagen sind pauschal alle Bereiche, in denen es besonders hohe Brandlasten gibt, in denen besonders viele Personen anwesend sind wie in Theatern oder unterirdischen Bahnstationen. Aber auch für niedrige Räume, oder wenn sich viele ortsunkundige Personen in einem Gebäude aufhalten, in allen unterirdischen Bereichen wie auch Tiefgaragen oder wenn es sich um besonders hilfebedürftige Menschen handelt (Behinderte, Alte, Kranke, Kinder), wird es besonders wichtig, Rauch und Wärme (und auch Pyrolysegase) aus den Gebäuden möglichst schnell abzuleiten. Verfügt ein Gebäudekomplex über lange, verzweigte Fluchtwege, sind die Räumlichkeiten sehr niedrig und es gibt somit wenig Puffer im Raum oder in der Halle oberhalb der Kopfhöhe, dann fällt der Entrauchung auch eine besondere, wichtige Bedeutung zu.

Es mag sein, dass man RWA-Anlagen freiwillig installiert, um seine Gebäude und Inhalte und nicht zuletzt auch die Menschen darin zu schützen. Oder aber die jeweils zuständige Bauordnung fordert eine Entrauchung; das kann z.b. die Garagenverordnung sein, oder auch die Industriebaurichtlinie. Die übliche Landesbauordnung fordert eine Entrauchung lediglich für Treppenhäuser ab bestimmten Gebäudehöhen.

Eine absolut abgedichtete, große Halle ohne Zuluftöffnungen und ohne Entrauchung mit den Maßen 40 m lang, 40 m breit und 8 m hoch, also einem Volumen von 12.800 m³, würde bei einer verbrannten Menge von lediglich 32 kg PVC oder 18 kg Polypropylen oder von 13 kg Papier so viele Rauchgase freisetzen, dass mittelfristig jeder Mensch darin sterben würde. Linear herunter gerechnet auf eine kleinere Halle mit den Massen 10 m lang, 20 m breit und 4 m hoch, also mit einem Volumen von 800 m³ wären das lediglich 2 kg PVC, 1,1 kg Polypropylen oder 0,8 kg Papier. Ein kleiner Büroraum mit den Massen 4 m lang, 5 m breit und 3 m hoch würde bereits bei 150 g PVC, 85 g PP oder 60 g Papier so verrauchen, dass man hier im Raum sterben würde, wäre der Raum dicht und würde man sich länger darin aufhalten. Dies gilt unabhängig davon, ob der Mensch jung oder alt, Raucher oder Nichtraucher, Sportler oder übergewichtig ist. Diese Zahlen (entnommen aus der vfdb-Zeitschrift) zeigen, dass PVC durchaus nicht so kritisch ist wie chlorfreie Kunststoffe oder wie Papier. Diese Zahlen aber zeigen, wie gefährlich Brandrauch zu einen ist und demzufolge, wie wichtig es ist, Brandrauch aus Gebäuden möglichst schnell heraus zu bekommen. Hinzu kommt noch, dass Brandrauch tödlich heiß ist und die Sicht auf praktisch Null reduziert: Eine Flucht, eine gezielte Rettungsaktion oder ein Brandlöschen wäre somit nicht mehr möglich. RWA-Anlagen sichern also die Fluchtmöglichkeiten im Brandfall ebenso, wie sie Rettungsaktionen der Feuerwehr oft erst möglich machen. Darüber hinaus schaffen sie verträgliche Bedingungen in denen vom Brand betroffenen Bereichen und das sind das Ableiten der Hitze, die Schaffung der freien Sicht sowie ausreichend viel Sauerstoff in der Umgebungsatmosphäre. Dadurch wird dann auch Panik vermieden, die wiederum ein logisches Denken oft unmöglich macht. Die Löschkräfte können den Brandherd schneller auffinden und erreichen und somit das Feuer schneller und gezielt bekämpfen – mit dem Erfolg, dass weniger Rauch und weniger Hitze entsteht und somit die Gefährdung für alle wesentlich geringer ist, aber auch der Brandschaden meist geringer und die Betriebsunterbrechung meist kürzer ausfällt.

Die besonderen Gefahren durch Brandrauch sind:

- Brandrauch kann Panik erzeugen;

- die Sicht kann extrem eingeschränkt werden;

- totale Orientierungslosigkeit aller Personen im betroffenen Bereich, selbst wenn sie sich dort sehr gut auskennen; man kann sogar oben und unten im Brandrauch nicht mehr erkennen und demzufolge auch nicht mehr gehen;

- Verlust des Gleichgewichtssinns;

- Rauch enthält tödlich viel CO und CO_2, d.h. der Brandrauch lähmt und tötet oft schon nach zwei Atemzügen;

- der Rauch eines Brandes enthält viele unterschiedliche toxische Gase, die einerseits kurzfristig den Tod herbeiführen können, andererseits aber auch mittel- und langfristig zu gesundheitlichen Beeinträchtigungen und Behinderungen führen können und somit auch zu hohem menschlichem Leid (und zu hohen Kosten);

- Brandrauch ist extrem heiß (> 300 °C) und kann allein aufgrund der Hitze schon Menschen töten;

- zwei bis drei Atemzüge Brandrauch können den Tod bewirken – unabhängig davon, ob die entsprechende Person sportlich/unsportlich, jung/alt oder Raucher/Nichtraucher ist.

Der eigentliche und große Sinn von RWA-Anlagen liegt in folgenden Punkten:

- Ableiten von Rauch und Wärme aus den betroffenen Bereichen;

- besonders wichtig ist dies immer in Treppenhäusern, um diese nach Bränden sicher nutzen zu können;

- Brandrauch und die Brandhitze müssen auch schnell aus Stahlhallen geleitet werden, weil ansonsten die Gebäudekonstruktion versagen kann und das gesamte Gebäude aufgrund der nachgebenden Dachtragekonstruktion zusammen brechen kann;

- je nach Bauordnung kann verlangt werden, dass 0,5 %, oder auch 2 – 5 % der Dachfläche als RWA-Öffnung ausgelegt werden;

- mindestens 0,5 m² pro Geschoss oder lediglich oben 1 m² bei innenliegenden Treppenräumen, gefordert nach der LBO;

- möglichst frühes Öffnen ermöglicht optimale Flucht/Löschung;

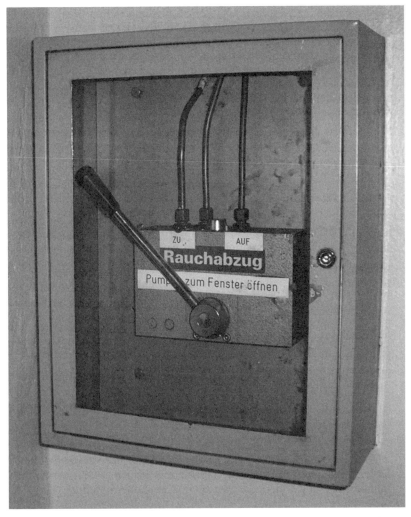

An der Auslösevorrichtung für Rauchabzugsanlagen muss man eindeutig erkennen können, ob die Anlage/die Klappen offen oder zu sind.

– ein automatisches und somit frühes Anfahren ist immer besser, als wenn man die Anlagen manuell öffnet;

149

- es gibt natürliche oder maschinelle Entrauchung; der natürliche Rauchabzug (NRA) besteht in Öffnungen in der Decke oder im oberen Bereich der Wände, denn es ist natürlich, dass Rauch und Wärme nach oben steigen; sind dort oben Öffnungen, wird Rauch und Wärme (wenn es ausreichend große Zuluftöffnungen gibt) schnell ins Freie abgeleitet; ein maschineller Rauchabzug (MRA) wird immer dann nötig, wenn die natürliche Technik nicht funktioniert und das ist fast immer in unterirdischen Bereichen wie Tiefgaragen der Fall;

- Es gibt nicht die Kombination von NRA und MRA, entweder das eine oder das andere System; allerdings kann man bei NRA zu geringe Zuluftöffnungen durch das Einblasen von Luft kompensieren;

- es wird sowohl die Flucht von Personen im Gebäude, als auch die Rettung (also das Eindringen von Schutzkräften von außerhalb) ermöglicht;

- sowohl die Gebäude, als auch deren wertvolle Inhalte (Lagergut, Produktionsanlagen) werden durch RWA-Anlagen geschützt;

- neben Rauch und Hitze werden auch explosionsfähige Pyrolysegase aus den Gebäuden abgeleitet; Hintergrund hierzu ist folgender: Alle brennbaren Stoffe (Teppichboden, Möbel, Holz, Kunststoffe) gasen bei höheren Temperaturen aus. Diese Gase sind brennbar und damit auch explosiv. Sind nun zu viele solche Gase in einem Raum, sind sie heiß und überschreiten die untere Explosionsgrenze, so können sie explosionsartig abbrennen und ein Gebäude tatsächlich sprengen;

- das gefährliche Durchzünden oder (auch „Flash-Over" genannt) wird verhindert, zumindest aber zeitlich extrem verzögert;

- sowohl die Sicht als auch die Temperatur bleibt unten im Raum oberhalb vom Boden optimal für Personen;

- es ist eine sinnvolle Kombination, wenn man die RWA-Anlage mit Rauchschürzen in großen Hallen zusätzlich kombiniert; dann nämlich ist lediglich ein Teilbereich der Decke vom Rauch betroffen und man muss im Anschluss nicht die gesamte Deckenhalle sanieren.

Probleme bei RWA-Anlagen treten immer dann auf, wenn die Wartung nicht erfolgt ist. Diese Technik kann langfristig nur dann zuverlässig funktionieren, wenn sie von verantwortungsbewussten Fachleuten gewartet ist und der Ansteuermechanismus auch funktionsfähig ist und bleibt. Ebenfalls ist es wichtig für eine sichere Energieversorgung im Brandfall zu sorgen: Was nutzt die beste RWA-Anlage, wenn sie im Brandfall aufgrund eines Stromausfalls oder einer Leitungszerstörung nicht funktioniert? Ebenso wie eine Sprinkleranlage aufgrund von zu hohen Brandlasten überfordert sein kann ist es auch bei RWA-Anlagen: Die abgesaugte Luft bzw. die effektiven Öffnungsquerschnitte müssen den vorhandenen Brandlasten auch wirklich entsprechen.

Werden RWA-Anlagen zu spät geöffnet, ist eine Halle meist schon großvolumig verraucht und sollte es dann immer noch brennen, würde das Öffnen der RWA-Öffnungen bzw. das Absaugen der Rauchgase wenig Wirkung zeigen. Je früher die RWA-Anlage aktiviert wird, um so sinnvoller, effektiver und damit besser ist es.

Ebenfalls können nachträgliche bauliche Veränderung dazu führen, dass Rauch nicht mehr oder zumindest nicht mehr ganz, nicht mehr effektiv abgesaugt und nach außen gebracht wird. Deshalb ist die Installations- bzw. Wartungsfirma bei baulichen Veränderungen hinzuzuziehen und solche Veränderungen können neue Wände, andere Raumunterteilungen oder auch andere Regalsysteme sein.

Nicht nur bei der maschinellen Entrauchung, auch bei der natürlichen Entrauchung gilt, dass es ausreichend große und ausreichend viele Zuluftöffnungen geben muss, soll die Anlage effektiv sein. Unterschiedliche Fachleute sprechen von mindestens ebenso großen oder doppelt so großen Zuluftöffnungen wie Abluftöffnungen. Man kann in einer großen Halle, die mit Rauchschürzen versehen ist auch die übrigen RWA-Öffnungen als Zuluftöffnungen verwenden, d.h. die Zuluftöffnung muss nicht immer in Bodennähe sein (auch wenn dies optimal wäre).

Die VdS-Richtlinie 2098 gibt Vorgaben für die Auslegung einer RWA-Anlage und die VdS-Richtlinie 2221 für die Entrauchung von Treppenhäusern. Daran sollte man sich halten, oder aber die Dimensionierung der RWA-Anlagen einer hochwertigen Fachfirma überlassen. Diese muss berücksichtigen, welche Vorgaben die Bauordnung stellt, welche Brandlasten vorhanden sind, wie schnell sich ein Feuer ausbreiten kann, welche Raumvolumen, mit welchen Rauchgasmengen zu rechnen ist usw. Darüber hinaus sind die Fluchtmöglichkeiten und die maximale Personenanzahl unter Berücksichtigung der „Art" der Personen (Kennen sie sich aus im Gebäude oder nicht? Sind es besonders schutzbedürftige Personen? Sind die Personen evtl. angetrunken?) mit zu kalkulieren.

In einer ebenerdigen Halle mit großer Raumhöhe und wenig Brandlasten wird man weniger schnell in den gefährlichen Bereich kommen als in einem niedrigen unterirdischen Bereich, der schwach beleuchtet ist und wo man größere Mengen an leicht entflammbaren Stoffen gelagert hat.

4.3 Baulicher Brandschutz

Baulicher Brandschutz ist Ländersache. So kommt es, dass wir in Deutschland 16 Landesbauordnungen haben, die jedoch untereinander oft nur punktuell abweichen; gleiches gilt auch für die Sonderbauten wie Hochhäuser, Garagen, Versammlungsstätten, Hotels oder Verkaufsstätten. Allen Landesbauordnungen sind jedoch die nachfolgenden Punkte gemein:

– Gebäude sind so zu errichten und zu unterhalten, dass die öffentliche Sicherheit und Ordnung, insbesondere Leben und Gesundheit und die natürlichen Lebensgrundlagen nicht gefährdet werden.

– Baustellen sind so einzurichten, dass Gebäude ordnungsgemäß errichtet und abgebrochen werden können.

– Die Standsicherheit ist auch bei Abbrucharbeiten zu gewährleisten.

– Die Nutzung muss die Entstehung von Feuer und Rauch einschränken.

– Gebäude müssen die Ausbreitung von Feuer und Rauch einschränken.

– Wird ein Gebäude errichtet oder abgerissen, so ist jeder Beteiligte verantwortlich für die Einhaltung der Vorschriften und der Vorgaben der Bauaufsichtsbehörde.

– Bei Verstößen gegen Vorgaben kann die Baubehörde den Baubetrieb einstellen.

– Ordnungswidrigkeiten können bis zu 500.000 € kosten, Verstöße können jedoch auch strafrechtlich geahndet werden.

Schwaches Bild eines Unternehmens: Da wird eine selbstschließende T 30-Tür eingebaut, aber links daneben ist der Kabeldurchbruch offen.

4.3.1 Baustoffe und Bauteile

Baustoffe sind meist formlose Ausgangsmaterialien wie Holz, Zement, Sand, Glas oder Kunststoffgranulat und Bauteile haben bereits eine Form (Tür mit Rahmen, Fensterrahmen mit Glas).

Noch regelt die DIN 4102 in Deutschland das Brandverhalten von Baustoffen und Bauteilen. Diese wird von der Europanorm EN 13 501 abgelöst. Grundsätzlich gibt es brennbare und nichtbrennbare Baustoffe und Bauteile und solche die eine bestimmte Feuerwiderstandsdauer haben – das ist jedoch unabhängig davon, ob das Bauteil brennbar oder nichtbrennbar ist.

Nichtbrennbar ist nicht gleichzusetzen mit nicht zerstörbar durch Hitze; so kann Glas und ungeschützter Stahl sehr schnell versagen, wenn Brandwärme darauf einwirken kann. Die Einteilung kennzeichnet die Baustoffe nach deren Entflammbarkeit. Die DIN 4102 teilt Baustoffe wie folgt ein:

- A: Nichtbrennbare Baustoffe

  - A1: Ohne brennbare Bestandteile (Beispiele für A 1: Ziegelsteine, Beton, Gips, Glas oder Stahl);

  - A2: Nichtbrennbarer Baustoff mit geringen brennbaren Bestandteilen (Beispiele für A 2: Manche Gipskartonplatten, bestimmte Mineralfasererzeugnisse); diese Materialien dürfen nur kurzfristig über kleinere Flächen entflammen und weder Rauch noch giftige Gase in gefährlichen Mengen entstehen lassen;

- B: Brennbare Baustoffe

  - B 1: Schwerentflammbare Baustoffe (Beispiel für B 1: Bestimmte Gipskartonplatten, Holzwolle, Leichtbauplatten, bestimmte Kunststoff- und Spanplatten); bei diesen Materialien muss das Feuer verlöschen sobald die Flammenquelle entfernt wurde; dies gilt jedoch nur, solange Normalbedingungen herrschen, d.h. der brennbare Stoff darf nicht heiß werden;

  - B 2: Normalentflammbare Baustoffe (Beispiele für B 2: Holz über 2 mm Dicke, genormte PVC-Beläge); einmal entflammte Baumaterialien dieser Gruppe brennen nach erlöschen der Flammenquelle selbständig weiter;

  - B 3: Leichtentflammbare Baustoffe (Beispiel für B 3: Holz unter 2 mm Dicke, Holzwolle, Papier); diese Materialien können mittels Zündholz entzündet werden und brennen dann zügig selbsttätig weiter.

Seit 2003 werden die Baustoffe hinsichtlich ihres Brandverhaltens in folgenden Euroklassen beschrieben:

- A1: Kein Beitrag zum Brand. Nichtbrennbar

- A2: Vernachlässigbarer Beitrag zum Brand

- B: Sehr begrenzter Beitrag zum Brand. Schwerentflammbar

- C: Begrenzter Beitrag zum Brand. Normalentflammbar

- D: Hinnehmbarer Beitrag zum Brand. Normalentflammbar

- E: Hinnehmbares Brandverhalten. Normalentflammbar

- F: Keine Leistung festgestellt. Leichtentflammbar

Bauteile werden aus Baustoffen hergestellt. Beispiele hierfür sind Wände, Decken und Stützen etc. Hierbei ist es zunächst unerheblich, ob die verwendeten Baustoffe brennbar oder nichtbrennbar sind. Für die Feuerwiderstandsdauer ist dies ohne Bedeutung, da die Prüfkriterien wie Verhinderung des Wärmedurchganges oder Raumabschluss in jedem Fall eingehalten werden müssen. Der Unterschied ist dabei nur: Ist das Bauteil aus brennbaren Baustoffen hergestellt, so brennt es während der Beflammung ohne seine raumabschließende Wirkung aufzugeben.

Abweichend vom bisherigen System und der Prüfung nach DIN 4102 werden im Europäischen System bei den Bauteilen die Tragfähigkeit, der Raumabschluss, die Wärmedämmung und weiter unten dargestellte zusätzliche Bauteilkriterien angegeben. Jedes Kriterium kann für sich ein Bauteil beschreiben, z.B. ein Brandschutzvorhang kann demnach E 30 klassifiziert werden, also bildet nur den Raumabschluss, nicht aber eine Funktion der Tragfähigkeit oder der Wärmedämmung. Die Einteilung Europäischer Feuerwiderstandsklassen sieht wie folgt aus:

– R: Résistance (Tragfähigkeit)

– E: Etanchéité (Raumabschluss)

– I: Isolation (Wärmedämmung unter Brandeinwirkung)

Diese können einen Zusatzkennbuchstaben haben, der folgendes bedeutet:

– W: Watt (Strahlungsdurchlässigkeit)

– M: Mechanical (Mechanische Einwirkung – Widerstandsfähig gegen Stoß)

– C: Closing (Selbstschließend)

– S: Smoke (Begrenzte Rauchdurchlässigkeit, Dichtigkeit, Leckrate)

– P/PH: Aufrechterhaltung der Energieversorgung bei elektrischen Kabelanlagen

Der Zeitraum des Brandwiderstands wird in Minuten angegeben; es gibt Bauteile, die eine Feuerwiderstandsdauer von 15 Minuten bis über 6 Stunden haben (15, 20, 30, 45, 60, 90, 120, 180, 240, 360 min.). Die deutschen Bauordnungen beginnen, Bauteile ab 30 Minuten Feuerwiderstandsdauer einzustufen (Ausnahme: Der sog. eiserne Vorhang in Theatern, der das Bühnenhaus vom Zuschauerraum trennt, muss lediglich 15 Minuten ein Feuer, dessen Rauch und die Wärmestrahlung zurückhalten).

Nach dem europäischen Klassifizierungssystem können hinsichtlich des Brandschutzes mehrere Leistungsmerkmale gemischt auftreten, z.B. „R" für die Tragfähigkeit, „E" für den Raumabschluss oder „I" für die Wärmedämmung. Ein nichttragendes Bauteil mit selbstschließender Ausrüstung, das 30 Minuten lang feuerbeständig ist und rauchdicht ist, wird beispielsweise mit der Kennzeichnung „EI 30-CS" beschrieben. Das wäre nach dem bisherigen System die Brandschutztür T 30-RS.

4.3.2 Brandabschnitte – Rauchabschnitte – Vorbeugung gegen Brandausbreitung

Der Brandschutz stellt den wesentlichen Bestandteil des Bauordnungsrechtes dar. Das Schutzziel dieser öffentlich-rechtlichen Vorschriften ist neben planungsrechtlichen Belangen die öffentliche Sicherheit und Ordnung – und hier insbesondere Leben und Gesundheit. Die grundlegenden öffentlich-rechtlichen Brandschutzvorschriften sind in den Landesbauordnungen enthalten, da das Baurecht als Sicherheitsrecht Ländersache ist. Länderübergreifend existiert eine Arbeitsgemeinschaft der für das Bauwesen zuständigen Minister (ARGEBAU), die in der Fachkommission Bauaufsicht als Grundlage für die Landesbauordnungen eine Musterbauordnung (MBO) erarbeitet haben, die permanent fortgeschrieben wird.

Der Gesetzgeber verlangt als Grundforderung des Brandschutzes: Bauliche Anlagen sind so anzuordnen, zu errichten und zu unterhalten, dass der Entstehung und der Ausbreitung von Feuer und Rauch vorgebeugt wird und bei einem Brand wirksame Löscharbeiten und die Rettung von Menschen und Tieren möglich sind.

Ein ganz wesentlicher Punkt für die Brandausbreitungsgeschwindigkeit in der baulichen Anlage ist das Maß der Unterteilung in Geschosse und Räume. Die oft realisierte Zellenbauweise im klassischen Bürobau steht im Gegensatz zu einer Unterteilung, wie sie bei Fertigungshallen, Lagerhallen, Versammlungsstätten und ähnlichen Großraumgebäuden vorzufinden ist. Ein wesentlicher Faktor ist auch der Installationsgrad der baulichen Anlage. Soweit möglich, sollten Brandabschnitte und Rauchabschnitte geschaffen werden. Dieses Ziel wird erreicht durch raumabschließende Bauteile mit Feuerwiderstand.

Der Ausbreitung von Feuer und Rauch wird immer dort vorgebeugt, wo ein raumabschließendes Bauteil dies verhindert. Um den Verzögerungseffekt beim Durchbrand eines Bauteils zu klassifizieren, hat man die Prüfverfahren nach DIN 4102 bzw. EN 13501 entwickelt. Der Feuerwiderstand eines Bauteils gegenüber dem zugrundegelegten Normbrand nach DIN 4102 wird ausgedrückt durch die Zeit, in der das Bauteil seine kalten Eigenschaften behält. Raumabschließende Bauteile, die eine bestimmte Zeit im Versuchsbrand ihre raumabschließende Eigenschaft behalten, besitzen demnach eine Feuerwiderstandsdauer. Folgende Klassifizierung wird verwendet:

– Feuerwiderstandsdauer 30 Minuten: F 30 (feuerhemmend)

– Feuerwiderstandsdauer 60 Minuten: F 60 (hochfeuerhemmend)

– Feuerwiderstandsdauer 90 Minuten: F 90 (feuerbeständig)

In diesen angegebenen Zeiträumen müssen die Bauteile ihren Zusammenhalt bewahren, so dass nicht durch irgendwelche Öffnungen infolge „normaler" Brandeinwirkung auf der dem Feuer abgewandten Seite Feuer und Rauch gelangen kann. Hierbei ist auch zu beachten, dass sich auf der dem Feuer abgewandten Seite die Temperatur nicht über einen bestimmen Wert erhöht, damit nicht eine Brandausbreitung durch die geschlossene Wand als Folge eines Entzündens von Gegenständen stattfindet. „Normal" bedeutet, dass Temperaturen von bis zu 1.000 °C entstehen, wie es eben bei jedem „normalen" Feuer in Wohnungen, Büros, Lagern oder Produktionsstätten vorkommt. Wenn jedoch ölgetränkte Aluminiumspäne brennen und Temperaturen von über 3.500 °C entstehen, könnten diese Bauteile auch früher versagen.

Der Buchstabe **F** steht im System der Klassifizierung für *Wände und Decken*. *Türe und Tore* erkennt man am Buchstaben **T**, der Feuerwiderstand von *Verglasungen* kann durch den Buchstaben **G** gekennzeichnet sein, wenn die Verglasung zwar ihren Zusammenhalt behält, die Wärmestrahlung aber durchlässt. Dies ist grundsätzlich bei Drahtglas, Drahtspiegelglas, Pyran, Pyroswiss – jeweils Produktbezeichnungen – und so weiter der Fall. Andererseits sind die Verglasungen nach **F** klassifiziert, wenn die Verglasung aufschäumt und einen Raumabschluß im Sinne der DIN 4102 bildet (Contrafeu, Contraflam, Pyrostop ...). Absperrvorrichtungen in Lüftungsleitungen gegen Brandübertragung tragen die Kennzeichnung **K** und der Buchstabe **L** steht für Lüftungsleitung. Installationsschächte und Kanäle werden mit **I** bezeichnet, **R** steht für Abschottungen an und in Rohrleitungen. Dieses bisherige Einteilungssystem wird nunmehr abgelöst durch das Europäische Klassifizierungssystem mit der Einteilung R, E, I (vgl. Kapitel 4.3.1).

Unerheblich für den Raumabschluss ist der verwendete Baustoff. So kann zum Beispiel eine Brandschutztür durchaus auch aus Holz gefertigt werden, sie muss lediglich den Raumabschluss für die zugelassene Feuerwiderstandsdauer gewährleisten und darf auf der dem Feuer abgewandten Seite keine unzulässig hohen Temperaturen erreichen. Im Prinzip kann dieses Ziel sogar Holz besser erreichen als ungeschützter Stahl. Ob es dabei brennt, spielt beim Schutzziel, also z.B. Verhinderung des Durchbrennens einer Wand, keine Rolle.

Feuerwiderstand müssen Bauteile vor allem gegenüber der Brandparallelerscheinung Wärme besitzen. Gegen die Ausbreitung des Rauchs hingegen muss ein Bauteil dicht sein. Bei der Prüfung einer Brandschutztür im Versuchsofen wird die Rauchdichtigkeit nicht ermittelt. Die Prüfung eine Rauchschutztür nach DIN 18095 erfolgt nicht nach der Normbrandkurve, denn diese Tür soll ja lediglich den kalten Rauch zurückhalten. Deshalb wird bei der Prüfung nur bis zu einer Temperatur von 200 °C geprüft, andererseits darf dabei eine definierte Leckrate nicht überschritten werden. Es ist somit möglich, auch mit Bauteilen ohne Feuerwiderstand Rauchabschnitte zu bilden.

Rauchabschnitte werden vorwiegend durch Verglasungen gebildet, selbstverständlich auch durch Rauchschutztüren und im Industriebau auch durch Rauchschürzen in Verbindung mit Rauch- und Wärmeabzugsanlagen. Dabei wird zugrunde gelegt, dass der Rauch mit der Thermik aufsteigt und sich diese Rauchschicht durch Schürzen aus nichtbrennbaren Baustoffen an der Hallendecke aufteilt und damit trennt. Rauchschürzen sind natürlich keine raumabschließenden Bauteile.

Brandschutzverglasungen sind feste Baukonstruktionen mit lichtdurchlässigen Teilen, die im Brandfall bei einseitiger Feuereinwirkung für eine bestimmte Zeitdauer ihre raumabschließende Wirung beibehalten. Die Brandschutzverglasung setzt sich aus mehreren Teilen (Baustoffen) zusammen: Glas, Rahmen, Befestigungsmittel. Der in der Praxis häufig verwendete Begriff „Brandschutzglas" ist nicht ganz korrekt, sogar irreführend, da die Glasscheibe allein nicht als brandschutztechnisches Element bezeichnet werden kann. Der Baustoff Glas spielt sicherlich eine ganz entscheidende Rolle im Gesamtbauteil Brandschutzverglasung, aber erst im Zusammenwirken mit Rahmen und Befestigungsmitteln kann das Glas die raumabschließende Wirkung entfalten.

Die physikalischen Eigenschaften von Glas und Rahmen sind immer genau aufeinander abgestimmt. Deshalb dürfen Rahmen oder Brandschutzgläser verschiedener Bauarten und Hersteller nicht beliebig untereinander ausgetauscht werden, sofern dies nicht durch eine bestandene amtliche Prüfung nach DIN 4102 (EN 13501) nachgewiesen wurde. Außerdem sind die Einbaubedingungen, die sich aus der bauaufsichtlichen Zulassung ergeben, genau einzuhalten.

Grundsätzlich wird unterschieden zwischen G-Verglasungen (E[*]) und F-Verglasungen: G-Verglasungen sind dazu bestimmt, entsprechend der Feuerwiderstandsdauer die Ausbreitung von Feuer und Rauch, jedoch nicht den Durchtritt von Wärmestrahlung zu verhindern. Ein Einbau die-

---

[*] Die in Klammern gesetzte Bezeichnung ist auf die Europäische Klassifizierung ausgelegt mit Gewährleistung des Raumabschlusses, nicht aber des Wärmedurchgangs (I). Beide Kriterien erfüllen nur F-Verglasungen (EI).

ser Verglasungen ist daher nur dort möglich, wo nach bauaufsichtlichen Vorschriften keine Bedenken wegen des Brandschutzes bestehen. Die durchdringende Wärmestrahlung kann zur Entzündung von brennbaren Materialien führen, die sich auf der dem Feuer abgewandten Seite der G-Verglasung befinden (z.b. Vorhänge).

Im Zuge von Rettungswegen dürfen G-Verglasungen nur so eingebaut werden, dass im Brandfall Flüchtende von der durchtretenden Wärmestrahlung nicht beeinträchtigt werden. Für die G-Verglasungen stehen in der Regel nur ungedämmte Stahlrahmen zur Verfügung. Dabei ist für die Feuerwiderstandsdauer des Bauteils von Bedeutung, wie die Gläser in den Rahmen eingebaut werden: z.b. bei Pyran-Glas wird für unterschiedliche Brandschutzklassen die gleiche 6,5 mm starke Glasscheibe verwendet. Nur die Ausführung des Rahmens entscheidet hier darüber, ob die Verglasung eine Standzeit von 30, 60 oder 90 min erreicht.

F-Verglasungen sind dazu bestimmt, entsprechend ihrer Feuerwiderstandsdauer nicht nur die Ausbreitung von Feuer und Rauch zu verhindern, sondern zusätzlich auch den Durchtritt der Wärmestrahlung. Diese Eigenschaft macht es möglich, in einem Bauwerk an solchen Stellen lichtdurchlässige Elemente einzusetzen, die sonst Wände erforderlich machten.

Wie funktioniert nun das technische Prinzip einer F-Verglasung? Bei diesem Glastyp handelt es sich um mehrere Floatglasscheiben mit einer Natrium-Silikat-Zwischenschicht. Bei Temperaturbeanspruchung wird die Wärmestrahlung absorbiert, dabei erwärmt sich die Zwischenschicht. Sobald die zur Abspaltung des chemisch gebundenen Wassers erforderliche Temperatur erreicht ist, wird die gesamte Wärmeenergie durch Verdampfung aufgezehrt. Ist das Wasser verbraucht, hat sich mittlerweile eine zähe Schaumplatte im Zwischenbereich der Glasscheiben gebildet. Der Temperaturgradient ist zwischen innen und außen so groß, dass auf der Innenseite flüssiges Glas herunter laufen kann, während auf der Luftseite die Verglasung berührt werden kann.

Brandschutzverglasungen ermöglichen heute in vielen Fällen Problemlösungen, die sowohl den Forderungen des Brandschutzes als auch des Architekten Rechnung tragen. Als hochwertige Bauteile sind Brandschutzverglasungen teuer, vor allem die F-Verglasungen. Wenn sie in einem Bauwerk eingesetzt werden sollen, muss möglichst in einer frühen Planungsphase die richtige Wahl getroffen werden. Nachträgliche Änderungen können hier zu einer erheblichen Kostensteigerung führen, die vermeidbar gewesen wäre.

Ein wesentliches Ziel des vorbeugenden baulichen Brandschutzes ist es, dass alle Öffnungen in raumabschließenden Bauteilen mit Feuerwiderstand so zu verschließen sind, dass der Feuerwiderstand des Bauteils erhalten bleibt. Dies geschieht durch Feuerschutzabschlüsse, Türen, Tore, Klappen, Abschottungen, Manschetten – die sicherstellen, dass bei Auftreten von Feuer und Rauch die Öffnungen geschlossen sind oder sich selbsttätig schließen. Fehlen diese Abschlüsse, so können sich Feuer und insbesondere der Brandrauch mit allen nachteiligen Konsequenzen rasch und unkontrolliert in der baulichen Anlage ausbreiten, wodurch die Voraussetzung für Personenschäden und Sachschäden geschaffen wird.

Lüftungsanlagen dienen im Gebäude zur Versorgung mit warmer oder kalter Frischluft und zur Entsorgung verbrauchter oder verschmutzter Abluft. Wegen der Gasförmigkeit des Mediums Luft kann natürlich auch leicht Brandrauch – ungewollt – mit verteilt werden. Andererseits sind raumlufttechnische Anlagen denkbar und werden eigens dafür ausgelegt, die als Entrauchungsanlage Brandrauch gezielt abführen sollen. Eine Verbreitung von Brandrauch im Gebäude ist auf unterschiedliche Art denkbar durch:

– Umluftbetrieb
  Um die im System befindliche Wärmeenergie zu erhalten, wird die Lüftungsanlage im Umluftbetrieb gefahren. Aus dem Brandraum abgesaugter Brandrauch kann mit der Umluft wieder als „Frischluft" in andere Räume gelangen. Besonders kritisch ist kalter Rauch, der die gegebenenfalls vorhandenen Brandschutzklappen, die temperaturgesteuert auslösen, nicht in Funktion setzt.

– Ansaugen von Brandrauch
  Brennt es in der näheren Umgebung, so kann über die Frischluftansaugung Rauch in das Gebäude gelangen und dort erhebliche Schäden anrichten (z.B. in den EDV-Räumen, sofern hier nicht nochmals besondere Vorkehrungen getroffen werden).

– Brand in der Lüftungsanlage
  Motoren, Keilriemen, Manschetten und ähnliche brennbare Teile der Anlage können in Brand geraten, der Brandrauch wird dabei unmittelbar in die belüfteten Räume transportiert.

– die Verwendung von brennbaren Lüftungsleitungen

– fehlende, falsch eingebaute oder ungeeignete Absperreinrichtungen

– nicht verschlossene Wand- und Deckendurchbrüche, insbesondere zwischen senkrechten Schächten und Deckenhohlräumen.

Einen erheblichen Anteil an der Hausinstallation bildet die Elektroinstallation. Die Stoffe, mit denen spannungsführende Kabel und Leitungen ummantelt sind, bestehen in der Regel aus brennbaren Baustoffen. Den Hauptanteil an diesen Stoffen bilden die brennbaren Kunststoffe Polystyrol und Polyvinylchlorid (PVC). Dieses PVC zeigt ein für elektrische und elektronische Geräte und für blanke metallene Teile schädigendes Abbrandverhalten, indem dabei erhebliche Mengen Chlorwasserstoffgas freigesetzt werden. Mit Wasser vermischt bildet sich Salzsäure, die als Dampf oder Aerosol im Brandrauch an allen metallischen Oberflächen zu schlagartig einsetzender Korrosion führt. Diese Chloridschäden können sogar die Bewehrung von Betonbauteilen angreifen, da die Säure durch die Betonüberdeckung hindurch diffundiert. Zur Reduzierung dieser möglichen Schäden können folgende Anhaltspunkte dienen:

1. Schutz der Räume und Betriebseinrichtungen vor den brennbaren Kabeln, besonderer Schutz der Rettungswege wegen der kritischen Inhaltsstoffe des Brandrauchs;

2. Verhinderung der Brandausbreitung durch Kabel und Leitungen durch Wände und Decken;

3. Schutz der elektrischen Kabel, Leitungen und Betriebsmittel, die brandschutztechnische Funktionen haben – somit Funktionserhalt der Sicherheitstechnik (für Notbeleuchtung, motorisch betriebene Rauchabzugsanlagen, Rauchklappen, Feuerwehraufzug . . .).

Die Elektroinstallation ist daher in mehrfacher Hinsicht ein brandschutztechnisches Risiko. Sie kann durch Defekte und unfachmännische Verlegung zur Zündquelle und Brandursache werden, sie kann den Brand wie eine Zündschnur weiterleiten, sofern nicht moderne Brandschutzbeschichtungen diesen Zündschnureffekt stoppen. Es gibt auf dem Markt Elektroleitungen mit einem verbesserten Brandverhalten. Dies wird durch eine besondere Ausführung und Mischung der Kunststoffummantelung erreicht. Damit wird der Zündschnureffekt reduziert oder sogar beseitigt.

In die gleiche Richtung geht die Ausführung mit Bandagen aus aufschäumenden Baustoffen. Hierbei wird z. B. eine ganze mit Kabeln belegte Kabeltrasse „bandagiert". Im Brandfall sorgt das Aufschäumen der Bandagen wegen der Reaktion unter Wärmeeinwirkung dafür, dass der Brand über die Kabeltrasse mit den brennbaren Kabeln nicht weitergeleitet wird. Einen ähnlichen Effekt kann man auch dadurch erzielen, dass aufschäumende Baustoffe in streichfähiger Form unmittelbar auf die Kabel in der Trasse aufgebracht werden.

Ein ähnliches brandschutztechnisches Problem wie bei der Verlegung von Elektroleitungen und Lüftungskanälen bildet die Verlegung von Rohrleitungen durch Decken und Wände. Abhängig von dem verwendeten Material der Rohrleitungen können unterschiedliche Gefahren der Brandweiterleitung bestehen. Rohre aus Metall sind zwar an sich nichtbrennbar, leiten jedoch die Wärme gut weiter oder können abschmelzen, andererseits durch die Längenausdehnung im Brandfall sich aus der Verankerung reißen und in der Folge auch abscheren. Keramische Rohre oder Rohre aus Faserzement sind ebenfalls nichtbrennbar, können aber durch Wärmespannung zerspringen, Kunststoffrohre sind brennbar und schmelzen im Allgemeinen schon bei niedrigen Temperaturen ab. Ein anderer wichtiger Aspekt für das Brandverhalten ist die Rohrisolierung, die je nach Ausführung des verwendeten Dämmstoffs auch brennbar sein kann.

Eine spezielle Form der Haustechnik ist vorzugsweise im gewerblichen Bereich zu finden: Fördertechnik, die als Rohrpost, Aktenförderanlage, Rollen-, Band- und Kettenförderer oder Gebläse für staubförmige Medien. Auch hier ist wieder das bereits vorgestellte Problem zu bewältigen – die fördertechnischen Anlagen durchbrechen Wände und Decken und schaffen damit zunächst Öffnungen, die eine Brand- und Rauchausbreitung begünstigen. Diese Öffnungen müssen in der Feuerwiderstandsdauer der durchdrungenen Bauteile fachgerecht verschlossen werden.

Allerdings sind dann noch die für das Fördergut vorgesehenen Öffnungen zu verschließen; hierzu ist in der Regel ein erhöhter technischer Aufwand erforderlich, da einerseits der Feuerschutzabschluss so konstruiert und eingebaut werden muss, dass die erforderliche Feuerwiderstandsdauer erreicht wird, andererseits ausgeschlossen werden muss, dass sich während des Schließvorgangs Fördergut in der Schließachse befindet. Es muss sozusagen die Verschlussöffnung erst frei gefahren werden, damit die Öffnung auch sicher verschlossen werden kann.

Dieser spezielle, aber brandschutztechnisch außerordentlich wichtige Gesichtspunkt, beinhaltet eine rasche, meist versteckte Ausbreitung von Feuer und Rauch über Installationsschächte und -kanäle, Aufzugschächte, Lüftungsschächte, Müllabwurfschächte und Deckenhohlräume. Untersuchungen von spektakulären Bränden haben ergeben, dass bei einem Drittel der Brandfälle dieses Schachtrisiko ursächlich für den hohen Personen- oder Sachschaden war.

Der Effekt des Schachtrisikos kann sogar bei Treppenräumen mit hoher Brandlast in Form von Holztreppen oder Wandverkleidungen auftreten. Der Vorgang ist deshalb so problematisch, da gleichzeitig mehrere oder sogar alle Geschosse eines Gebäudes verrauchen oder in Brand geraten können. Für die Feuerwehr tauchen dann schier unlösbare Probleme auf, da neben der thermischen Aufbereitung brennbarer Stoffe im vom Brand erfassten Bereich auch Personen im gesamten Gebäude gefährdet sind.

Das Schachtrisiko wächst mit der Gebäudehöhe und mit dem Installationsgrad. In diesem Zusammenhang sind besonders Gebäude der gewerblichen Wirtschaft, Laborgebäude, Hochhäuser und Krankenhäuser zu nennen. Die Brandlast in den Schächten besteht oft aus einem hohen Kunststoffanteil in Form von Elektrokabeln, brennbaren Rohrleitungen und Dämmstoffen. Erschwerend kommt hinzu, dass sich die Schächte in der Hauptausbreitungsrichtung des Brands von unten nach oben erstrecken. Selbst wenn es im oberen Bereich des Schachts zu brennen beginnt, so können abtropfende oder brennend abfallende Teile bis zur Schachtsohle hindurch fallen und damit den Schacht von unten her in Brand setzen. Die Ventilation durch Zugerscheinungen ist gut, die Brandlast kann sehr hoch sein. Außerdem brennen die oben erwähnten Stoffe rasch ab, wobei insbesondere verschäumte Dämmstoffe zusätzlich noch einen erheblichen Rauchgasmassenstrom freisetzen.

Bei der Installation werden oft Öffnungen der Schächte zum Kellergeschoß und zu den Deckenhohlräumen der Flure sowie zu Technikräumen nicht bauordnungsgemäß verschlossen oder bei Revisionen und Nachinstallationen geöffnet und nicht mehr verschlossen. Damit ist der Feuerwiderstand aller Geschoßdecken aufgehoben und solche Fehler müssen Brandschutzbeauftragten auffallen.

Dem Schachtrisiko kann wirksam begegnet werden durch eine Reduzierung der Brandlast, Trennung der Gewerke durch feuerbeständige Bauteile, Einziehen von Zwischendecken, Einbau von Brandmeldern und einer Löschanlage, Abschottung zu den einzelnen Geschossen und regelmäßige Überwachung des Zustands. Brandschutztechnisch einwandfrei abgeschottete Zugangsöffnungen erleichtern das Nachinstallieren und bieten eine sichere Handhabe für das nachträgliche Öffnen von Bauteilen mit Feuerwiderstand über die gesamte Nutzungsdauer des Gebäudes.

Brandwände dienen dem Nachbarschutz und/oder unterteilen Gebäude oder Teile von Gebäuden in Brandabschnitte. Bei einer Unterteilung des eigenen Gebäudes dienen sie in erster Linie dem Sachschutz. Schadenerfahrungen zeigen, dass mangelhafte Ausführung von Brandwänden wesentlich zur Schadenvergrößerung beitragen kann. Dies gilt in ähnlicher Weise für die Ausbildung von raumabschließenden Bauteilen zur Ausführung von Brandbekämpfungsabschnitten. Hierbei werden in der Regel (nur) feuerbeständige Bauteile verwendet. Raumabschließende Wände und Decken müssen für die Dauer ihrer Feuerwiderstandsfähigkeit standsicher sein. So wird beispielsweise an eine Trennwand, die raumabschließend für 90 Minuten (= feuerbeständig, F 90) sein soll, für die aussteifenden und angrenzenden Bauteile die gleichen bautechnischen Anforderungen gestellt, damit die Standsicherheit der Wand über den Zeitraum von 90 Minuten gewährleistet ist.

Hierzu ein Beispiel: Bei der Planung, Berechnung und Ausführung von raumabschließenden Wänden können fehlende Aussteifungen, wie z.b. fehlende Ringanker, unzureichende Anschlüsse an aussteifende Bauteile sowie nicht ausreichend feuerwiderstandsfähige Aussteifungen zu einem frühen Einsturz respektive Versagen des Raumabschlusses führen. In diesem Zusammenhang wird bei Sonderbauteilen, z.b. Feuerschutztüren, auf die Einbauvorschriften und Kriterien in der jeweiligen Zulassung des Deutschen Instituts für Bautechnik (DIBt) hingewiesen.

Brandwände entsprechen der Feuerwiderstandklasse F 90-A nach DIN 4102 Teil 3 (EN 13501). Sie verhindern eine Brandausbreitung durch Flammeneinwirkung, Wärmeleitung, Wärmestrahlung und Brandgase für mindestens 90 Minuten. Ferner muss eine Brandwand ihre Standsicherheit und den Raumabschluss auch bei einer dreimaligen Stoßbeanspruchung von 3.000 Nm bewahren.

Die Anforderungen an Brandwände können erfüllt werden durch eine Ausführung nach DIN 4102 Teil 4 (EN 13501; z.b. 24-er Mauerwerk einschalig oder 14-er Stahlbeton). Alternativ kann eine besonders geprüfte Bauart z.b. mit Nachweis durch ein Prüfzeugnis einer amtlichen Materialprüfanstalt zur Anwendung kommen. Üblicherweise wird wegen der Einfachheit des Verfahrens (d.h. der Nachweis gilt als erbracht bei normativer Ausführung) eine Brandwand nach DIN 4102 Teil 4 (EN 13501) ausgeführt.

Ein anderer wichtiger Punkt für die Ausführung von Brandwänden ist die lotrechte Ausführung in der Fassadenachse. Die Brandwände müssen unversetzt durch alle Geschosse führen. Hiermit wird im Falle eines Feuerübersprungs an der Fassade vermieden, dass ein Feuer sich von einem Brandabschnitt auf den nächsten Brandabschnitt ausweitet. Innerhalb des Gebäudes kann es allerdings zu einer versetzten Anordnung der Brandwände kommen, sofern die lotrechte Ausführungsweise berücksichtigt wird. Für das Übergreifen eines Brands auf ein Nachbargebäude sind zwei Kriterien der Gebäudeanordnung zu unterscheiden:

1. die Gebäude stehen in einem Abstand zueinander oder

2. die Gebäude sind in einer geschlossenen Zeile gebaut.

Hierbei werden zwei unterschiedliche Prinzipien deutlich, nämlich die räumliche Trennung (d.h. Brandschutz durch Abstände) und die bauliche Trennung (Brandschutz duch Abschottung – Wände und Türen).

Eine Grundsatzforderung des Baurechts schreibt vor, dass vor den Außenwänden der Gebäude Abstandsflächen liegen müssen, die von oberirdischen Anlagen freizuhalten sind. Bedingt durch diese Abstandsflächen, die u.a. Lichteinfall und Belüftung dienen, gibt es in der Regel auch einen ausreichenden Brandschutz durch die räumliche Trennung der Gebäude. Hierbei liegt der Gedanke zu Grunde, dass in diesem Fall weder Wärmeströmung noch Wärmestrahlung das angrenzende Gebäude in Brand setzen kann. Allerdings kann (oder muss) aus baurechtlicher Sicht auch an die seitlichen oder rückwärtigen Grundstücksgrenzen gebaut werden. Hierbei entfällt natürlich die Forderung nach Abstandsflächen. Der Brandschutz muss jetzt durch ein anderes Prinzip gewährleistet werden.

Außenwände haben prinzipiell ungeschützte Öffnungen (Fenster, Balkone etc.). Stehen diese Außenwände an der Grundstücksgrenze, dürfen keine „ungeschützten Öffnungen" mehr vorhanden sein und diese (Außen)Wände sind als Brandwände auszuführen. Kriterium für eine Brandwand ist, dass die Standsicherheit gewährleistet ist und sich ein Brand nicht auf andere Gebäude oder Gebäudeabschnitte ausweitet. Mehr noch, es muss ein Brand auch ohne Tätigwerden der Feuerwehr an der Brandwand gestoppt werden. Dies setzt wiederum eine besonders gewissenhafte Ausführung der Brandwände voraus. Sie müssen an jeder Stelle die notwendige Dicke haben, d.h. Schlitze o.ä. können nur dann vorgenommen werden, wenn die erforderliche Mindestdicke gewahrt bleibt.

Brennbare oder nichtbrennbare tragende Bauteile dürfen nicht hindurchgeführt werden. Es besteht sonst die Gefahr, dass z.B. ein durchwärmter Stahlträger auf der dem Feuer abgewandten Seite den Brand weiterleitet und damit die Brandwand überbrückt. Dies wird durch die Brandschäden – vor allem im industriellen Bereich – immer wieder belegt.

Für niedrige Wohngebäude oder niedrige Gebäude mit geringer Flächenausdehnung reichen anstelle von Brandwänden je nach Situation hochfeuerhemmende (REI 60 M) oder feuerbeständige Wände (REI 90 M) aus. In diesen Sonderfällen dürfen auch brennbare Baustoffe verwendet werden, wenn diese mit nicht brennbaren Baustoffen bekleidet werden und im Brandfall mechanisch stabil bleiben.

Neben Brandwänden bilden auch feuerbeständige Wände und Decken eine sehr gute Möglichkeit den baulichen Brandschutz durch das Abschottungsprinzip zu realisieren. Man spricht dann von Brandbekämpfungsabschnitten. Voraussetzung hierfür ist aber, dass das Brandschutzkonzept in sich schlüssig ist. Außerdem ist zu beachten, dass die Wände und Decken einschließlich ihrer Anschlüsse fachgerecht und den Schutzzielen entsprechend ausgeführt sind.

Vor allem an den betrieblich notwendigen Öffnungen in der Brandwand, die mit Feuerschutzabschlüssen gesichert werden müssen, um die Funktion der Brandwand nicht auszuhebeln, können etliche Fehler gemacht werden. Das Abschottungsprinzip kann nur dann wirksam sein, wenn damit eine Brandübertragung vom betroffenen Brandabschnitt in andere brandschutztechnisch abgetrennte Abschnitte zuverlässig verhindert wird. Deshalb gilt: Sind in raumabschließenden Bauteilen Öffnungen erforderlich, müssen in jedem Fall Abschottungen eingebaut werden, um eine Übertragung von Feuer und Rauch während der Feuerwiderstandsdauer der raumabschließenden Bauteile zuverlässig zu verhindern. Hierbei können schon kleine Schwachstellen im System einen großen (Gebäude)Schaden verursachen.

Der VdS empfiehlt aus brandschutztechnischer und versicherungstechnischer Sicht Brandwände im Betrieb z.B. an folgenden Stellen:

– für die Unterteilung ausgedehnter Produktions- und Lagerflächen;

– für die Abtrennung produktionswichtiger Anlagen;

– für die bauliche Trennung zwischen Bereichen unterschiedlicher Nutzung;

– für die bauliche Trennung zwischen Bereichen, die mit Feuerlöschanlagen geschützt sind und nicht geschützten Bereichen;

– für die bauliche Trennung zwischen Bereichen, die durch Brandmeldeanlagen überwacht sind, und nicht überwachten Bereichen;

– als Ersatz für räumlichen Abstand zu anderen Gebäuden oder Lagern im Freien.

Neben der äußeren Brandwand als „Nachbarschutz" soll sich auch im Inneren von Gebäuden ein Brand nicht ungehindert ausweiten können, sondern grundsätzlich auf den Raum der Brandentstehung beschränkt bleiben. Mindestens aber soll sich der Brand nicht über den Brandabschnitt hinaus ausweiten. Der Gesetzgeber fordert hierzu eine Unterteilung der Gebäude in Brandabschnitte von 40 m. In der Regel wird in Länge und Breite mit diesem Maß verfahren, so dass sich eine Brandabschnittsgröße von 1.600 m² ergibt. Gewisse Sonderverordnungen in den Ländern können dieses zulässige Brandabschnittsmaß reduzieren oder erhöhen.

Die Nutzung eines Gebäudes ist unter Einhalten der höchstzulässigen Brandabschnittsgröße oftmals nur schwer oder gar nicht sinnvoll zu gestalten. Es heißt dann, Kompromisslösungen zu finden, die auch bei einem vergrößerten Brandabschnitt noch eine ausreichende Sicherheit gegen die Gefahr der Brandausbreitung bietet. Nach der Musterbauordnung können größere Abstände gestattet werden, wenn die Nutzung des Gebäudes es erfordert und wenn Bedenken wegen des Brandschutzes nicht bestehen. Bedenken wegen des Brandschutzes werden durch den Einbau einer Sprinkleranlage im Allgemeinen zurückgestellt; allerdings lässt auch eine Sprinkleranlage nicht jede beliebige Vergrößerung des Brandabschnitts zu, sondern in etwa maximal eine Verdoppelung des zulässigen Brandabschnitts. In besonderen Fällen ist hier auch eine weitere Vergrößerung denkbar: So ist für erdgeschossige gesprinklerte Verkaufsstätten eine Brandabschnittsgröße bis 10.00 m² möglich.

Zur bautechnischen Ausführung von Brandwänden ist auf Fugen, Öffnungen in den Wänden, Feuerschutzabschlüsse, Fensteröffnungen oder durchdringende Rohrleitungen oder Lüftungsleitungen zu achten: Fugen schwächen eine Brandwand. Deshalb sind konstruktive Maßnahmen erforderlich, die die Funktionalität der Brandwand sicherstellen. Hierzu sollte die Fuge in der gesamten Tiefe mit nichtbrennbaren (z.B. Mineralfasermaterialien) Baustoffen der Baustoffklasse A1 dicht und komplett ausgestopft werden.

Grundsätzlich sind Öffnungen in der Brandwand auf das absolut unvermeidbare Maß zu beschränken. Sind sie aus betrieblichen Gründen erforderlich, müssen feuerbeständig, ausnahmsweise auch feuerhemmend, geschützt sein. Diese Ausnahme ist z.B. dann gegeben, wenn beiderseitig der Öffnung keine Brandlasten anstehen, also etwa wenn ein brandlastfreier Flur durch die Brandwand führt.

Feuerschutzabschlüsse müssen feuerbeständig (T 90/EI 90) sein; ausnahmsweise kann bei Vorliegen bestimmter Umstände, z.B. wenn eine Brandwand einen feuerbeständig abgetrennten Flur unterteilt; auch feuerhemmend (T 30) als ausreichender Feuerschutzabschluss angesehen werden. Müssen Feuerschutzabschlüsse aus betrieblicher Sicht während der Betriebszeit offen gehalten werden, so sind hierzu nur bauaufsichtlich zugelassene Feststellvorrichtungen zu verwenden, die nach Beendigung der Arbeit wieder geschlossen werden.

Notwendige Wanddurchführungen von Rohrleitungen sind bevorzugt im unteren Bereich einer Brandwand anzuordnen, damit im Brandfall abreißende Rohre keine Querkräfte auf die Wand ausüben können. Hilfsmittel können dieses Problem weitgehend ausschalten: In Brandwandebene bewegliche Rohrleitungen mit Hülsen aus nichtbrennbarem Material, wobei der verbleibende Zwischenraum mit nichtbrennbaren Baustoffen (A 1 nach DIN 4102) ausgestopft wird.

Die Durchführung brennbarer Rohrleitungen durch Brandwände ist grundsätzlich zu vermeiden. Mittlerweile gibt es aber hinreichend viele Anbieter von bauaufsichtlich zugelassenen Schottsystemen der Feuerwiderstandklasse R 90 (EI 90), die bei Einbau von brennbaren Rohren Anwendung finden sollen.

Kabel- und Kabelpritschen sind bei der Durchführung von einem Brandabschnitt in den nächsten Brandabschnitt mit allgemein bauaufsichtlich zugelassenen Kabelabschottungen der Feuerwiderstandsklasse S 90 abzuschotten.

Teilflächen bis ca. 2 m² können aus F 90(EI 90)-Verglasungen bestehen. Allerdings sind hierbei genau die bauaufsichtlich festgelegten Einbaubedingungen der Zulassung zu beachten. Der Nachteil dieser Verglasungen ist neben Gewicht und Glasdicke der relativ hohe Preis. Diese Fenster müssen entweder permanent geschlossen (also nicht öffenbar) oder selbstschließend sein.

Führen Lüftungsleitungen durch Brandwände, müssen die Öffnungen mit Brandschutzklappen (K 90/EI 90) versehen werden. Alternativ könnte die ganze Lüftungsleitung als ein Brandabschnitt ausgeführt werden; dies bedingt eine Ummantelung, die feuerbeständig ist (F 90/EI 90).

Brandwände dürfen in der Regel nicht durch eingreifende Bauteile geschwächt werden, es sei denn, dass die Restdicke der Brandwand gewahrt bleibt. Dies gilt auch für Leitungen, Schornsteine etc. Waagerechte oder schräge Schlitze sind in Brandwänden nicht zulässig. Brennbare Baustoffe dürfen Brandwände nicht überbrücken, da hierbei natürlich die Gefahr der unkontrollierten Brandausbreitung besteht. Stahlträger und Stahlstützen dürfen Brandwände nur überbrücken, wenn sie *vollständig und auf ganzer Länge* feuerbeständig ummantelt sind. Auch die feste Verbindung mit Bauteilen wie Stützen, Unterzüge etc., die im Brandfall durch Ausdehung oder Einsturz die Standsicherheit der Brandwand gefährden könnten, ist nicht zulässig. Sollte hier die Gefahr bestehen, dass benachbarte Bauteile durch Brandeinwirkung Kräfte auf die Brandwand ausüben, sind hinreichend große Abstände zwischen Brandwand und dem jeweiligen Bauteil vorzusehen, so dass hier eine echte (mechanische) Trennung vorliegt.

4.3.3 Rettungswege

In den Bauordnungen der Länder und in der Musterbauordnung ist in allgemeiner Form eine Sicherheitsmaxime festgelegt. So wird in § 3 Abs. 1 MBO gefordert: „Bauliche Anlagen ... sind so anzuordnen, zu errichten, zu ändern und zu unterhalten, dass die öffentliche Sicherheit oder Ordnung, insbesondere Leben oder Gesundheit, nicht gefährdet werden". Ein besonderes Risiko bei Gebäuden wird durch die Brandgefahr hervorgerufen. In zahlreichen Einzelbestimmungen wird die Absicht des Gesetzgebers deutlich, für Leben und Gesundheit als die höchsten zu schützenden Rechtsgüter entsprechend Sorge zu tragen. Hierbei kann es erfahrungsgemäß zur Interessenkollision kommen, da Sicherheit nicht kostenlos zu realisieren ist. Die Lösung liegt oft im Kompromiss zwischen Architektur, materiellen Anforderungen des Baurechts, Brandschutz, Funktionalität und Wirtschaftlichkeit eines Gebäudes.

Der § 14 MBO konkretisiert die eingangs erwähnte Sicherheitsforderung (Leben oder Gesundheit nicht zu gefährden): Bauliche Anlagen müssen so beschaffen sein, dass bei einem Brand die Rettung von Menschen möglich ist. In § 33 der MBO ist die Forderung nach der zweifachen Ausführung der Rettungswege aus Aufenthaltsräumen festgeschrieben: Jede Nutzungseinheit mit Aufenthaltsräumen muss in jedem Geschoss über mindestens zwei voneinander unabhängige Rettungswege erreichbar sein. Der Gesetzgeber fordert demnach einen 1. Rettungsweg und einen 2. Rettungsweg, die voneinander unabhängig benutzbar sind. Allerdings ist es legitim, dass ein Flur zu beiden Rettungswegen führt; somit ist klar, dass bei einem Brand oder Rauch in diesem Flur das Fluchtkonzept mit rauchfreien Rettungswegen nicht mehr funktionieren kann. Dies gilt sowohl für die Personen, die im Brandfall auf den Rettungsweg angewiesen sind, als auch für die Retter (im Allgemeinen die Feuerwehr), weil der Rettungsweg gleichzeitig Angriffsweg für Löschmaßnahmen ist. Wie weitere Ausführungen zeigen werden, sind die Begriffe erster und zweiter Rettungsweg keine nummerische Angabe, sondern beinhaltet eine Bewertung, eine Reihenfolge und Wertigkeit der Rettungswege.

Alternativ steht für die Ausführung des redundanten Rettungswegprinzips noch eine Möglichkeit offen: Ein zweiter Rettungsweg ist nicht erforderlich, wenn die Rettung über einen Treppenraum möglich ist, in den Feuer und Rauch nicht eindringen können. (§ 33 Abs. 2 MBO). Ein Treppenraum, der diese Grundsatzanforderungen erfüllt, wird Sicherheitstreppenraum genannt und solche finden sich häufig in Hochhäusern. Damit lassen sich die sonst geforderten zwei Rettungswege in *einem* Rettungsweg zusammenfassen. Der Gesetzgeber geht hierbei von der Überlegung aus, dass die besondere bauliche Ausführung des Sicherheitstreppenraums es rechtfertigt, dass das Sicherheitsniveau in diesem speziellen Fall durch *einen* Rettungsweg erreicht wird. Das Prinzip des Sicherheitstreppenraums wird weiter unten noch erläutert.

Im Brandfall können Personen durch Brandrauch, direkte Brandeinwirkung oder Einsturz gefährdet werden. Vor diesen Gefahren müssen sie selbständig fliehen (können) oder von der Feuerwehr gerettet werden. Eine Ausnahme bildet der Fall, dass der Brand durch eine schnelle und wirkungsvolle Brandbekämpfung gebannt wird und die bedrohten Personen das Gebäude nicht verlassen müssen. Das Baurecht gebraucht nur den Begriff „Rettungsweg" und unterscheidet nicht zwischen „Retten" und „Fliehen"; Retten bedeutet, dass Personen von außen kommen, um Menschen im Gebäude zu retten, die aus eigener Kraft nicht mehr fliehen können; im Allgemeinen die Feuerwehr, da oft Atemschutz erforderlich ist; Fliehen bedeutet, dass man sich aus eigenem Antrieb aus einem gefährdeten Gebäude selbstständig in Sicherheit bringen kann.

Die Rettungsweglänge, das ist im Erdgeschoss der Weg bis ins Freie und in den Ober-/Untergeschossen vom Aufenthaltsraum der Weg bis zum nächstgelegenen Treppenraum, wird begrenzt durch die in § 35 Abs. 2 MBO festgelegte maximal zulässige Rettungsweglänge: Von jeder Stelle eines Aufenthaltsraumes sowie eines Kellergeschosses muss der Treppenraum mindestens einer notwendigen Treppe oder ein Ausgang ins Freie in höchstens 35 m Entfernung erreichbar sein. In Industrieanlagen, Werkhallen etc. gibt es Überlegungen, unter bestimmten Umständen die Rettungsweglänge nicht so starr wie oben ausgeführt zu begrenzen und damit aufwendige Rettungswegkonstruktionen wie z.B. Rettungstunnel zu vermeiden. Dies erfordert aber immer die Zustimmung der Feuerwehr und der Baugenehmigungsbehörde. Zudem ist formal ein Abweichungsantrag zu stellen und zu begründen. Nachdem Personenschäden im Industriebau, die ursächlich auf eine längere Rettungsweglänge, in der Vergangenheit praktisch nicht vorgekommen sind, erscheint diese Vorgehensweise akzeptabel. Je nach Hallenhöhe sind in Verbindung mit einem Notsignal als Frühwarneinrichtung Rettungsweglängen bis zu 70 m zulässig.

Der 1. Rettungsweg ist immer baulich auszuführen und damit fester Bestandteil des Gebäudes. Fehlt der 1. Rettungsweg oder ist er brandschutztechnisch ungenügend gesichert, so stellt dies einen bedeutenden brandschutztechnischen Mangel dar. Im Wesentlichen wird der 1. Rettungsweg dadurch gesichert, dass die raumabschließenden Bauteile entlang dieses Wegs mit einer baurechtlich festgelegten Feuerwiderstandsdauer ausgeführt werden müssen. Dabei geht man von der Vorstellung aus, dass ein Brand in einem Raum eines Gebäudes ausbricht und für alle anderen (nicht vom Brand direkt betroffenen Bereiche) steht der Rettungsweg zur Verfügung. Dass die auf diesen Rettungsweg angewiesenen Personen ggf. ein verrauchtes Teilstück des Rettungswegs passieren müssen, wird seitens des Gesetzgebers hingenommen. In der Praxis wird allerdings meist nur mit Hilfe der Feuerwehr ein verrauchter Rettungsweg begangen, da einerseits die Orientierung erheblich erschwert ist und andererseits das Risiko, plötzlich von nicht mehr atembarer Luft umgeben zu sein, zu einer unkalkulierbaren Gefahr werden kann.

Nicht ausreichende Tür zum Kellerbereich in einem sog. notwendigen Flur und unerlaubtes Abstellen von Gegenständen in diesem Flur. Der Flur ist frei von Brandlasten zu halten und die Wand zum Treppenraum entspricht nicht den brandschutztechnischen Vorgaben der LBO.

Der allgemein zugängliche Flur stellt als horizontales Teilstück des Rettungswegs das Bindeglied zwischen den Aufenthaltsräumen und dem vertikalen Teil des Rettungsweges, dem Treppenraum, dar. Da im Brandfall die Benutzung des Flurs von einer Personenzahl abhängt, die von Größe und Anzahl der angeschlossenen Aufenthaltsräume abhängt, fordert die MBO in § 36 Abs. 2 dass die nutzbare Breite allgemein zugänglicher Flure für den größten zu erwartenden Verkehr ausreichen muss. Analog im oben beschriebenen Zusammenhang müssen Flurtrennwände, also die raumabschließenden Bauteile zwischen Flur und angrenzendem Aufenthaltsraum, gegen das Eindringen von Feuer und Rauch gesichert werden. Im Baurecht wird dabei der Gebäudehöhe Rechnung getragen: Wände allgemein zugänglicher Flure sind mindestens feuerhemmend und in Kellergeschossen, deren Decke feuerbeständig auszuführen ist, muss die Flurwand auch feuerbeständig sein (§ 36 Abs. 4 MBO). Die Forderung nach nichtbrennbaren Baustoffen im Kellergeschoss mit feuerbeständigen tragenden und aussteifenden Bauteilen folgt der Vorstellung, dass die raumabschließende Flurtrennwand nicht selbst aufgrund der brennbaren Ausführung zum Brandgeschehen (im Rettungsweg) beiträgt. Eine Besonderheit stellt die Möglichkeit dar, auf den notwendigen Flur zu verzichten. Dies ist grundsätzlich in Wohnungen und kleinen Nutzungseinheiten bis 200 m² möglich. Zusätzlich kann auf den notwendigen Flur verzichtet werden, wenn es sich um eine Büro- und Verwaltungsnutzung handelt und diese max. 400 m² Größe hat. Wird auf den notwendigen Flur verzichtet, braucht man innerhalb der Nutzungseinheit keine raumabschließenden Bauteile (Wände) mit Feuerwiderstandsdauer auszuführen – das bringt für die Gestaltung und Flexibilität natürlich eine große Erleichterung.

Die nach MBO maximal zulässige Rettungsweglänge von 35 m bedingt in größeren Gebäuden, dass mehrere notwendige Treppen erforderlich werden können, um die geforderte Rettungsweglänge einhalten zu können. Treppen sind möglichst so zu verteilen, dass die Rettungswege möglichst kurz sind. Unter der „notwendigen Treppe" versteht man allgemein alle aus baurechtlicher Sicht geforderten Treppen. So ist es nahe liegend, dass es auch nicht notwendige Treppen gibt. Hierzu gehören Treppen, die aus architektonischer Sicht, aus funktionalen Gründen oder ähnlichen Motiven zusätzlich eingeplant werden. An diese nicht notwendigen Treppen werden brandschutztechnisch keine weiteren Anforderungen gestellt, wenn der durch die Treppe entstehende Deckendurchbruch brandschutztechnisch abgetrennt wird.

Sollte es dennoch zu einer Verrauchung des Treppenraums kommen, weil z.B. eine Tür aufgekeilt war, muss der Rauch möglichst rasch abgeführt werden, damit der Rettungsweg benutzbar bleibt. Hierzu sind entsprechend groß dimensionierte Rauchabzugsöffnungen vorzusehen. Die

Standsicherheit und eine möglichst lange Benutzbarkeit des Treppenraums mit einem sicheren Ausgang ins Freie sind weitere Grundforderungen aus brandschutztechnischer Sicht. Insofern wird es verständlich, dass an die raumabschließenden Bauteile, die Treppenraumwände, strenge Forderungen zu stellen sind, um ein maximales Maß an (Stand-)Sicherheit für den Brandfall zu gewährleisten. Die MBO fordert deshalb, dass die Wände von Treppenräumen notwendiger Treppen und ihre Ausgänge ins Freie in der Bauart von Brandwänden herzustellen sind. Brennbare Einbauten oder in den Treppenraum eingebrachte Brandlasten erhöhen entscheidend das Brandrisiko und mindern die Rettungsmöglichkeiten. Somit sind Brandlasten in Treppenräumen unzulässig. Ausgenommen hiervon sind Brandlasten z.B. durch eine brennbare Treppe oder einen brennbaren Handlauf.

Aus den vorgenannten Ausführungen wird es nun verständlich, dass in § 35 Abs. 1 MBO gefordert wird: „Jede notwendige Treppe muss zur Sicherstellung der Rettungswege aus den Geschossen in einem eigenen, durchgehenden Treppenraum liegen. Diesen Treppenraum nennt man notwendigen Treppenraum, weil er baurechtlich „notwendig" ist. Der Treppenraum muss an der Außenwand liegen (§ 35 Abs. 3 MBO). Innenliegende Treppenräume können gestattet werden, wenn ihre Benutzung durch Raucheintritt nicht gefährdet werden kann. Der Gesetzgeber geht demnach grundsätzlich von einem sogenannten außenliegenden Treppenraum aus. Diese Anordnung hat für die tägliche Benutzung und für den Brandfall Vorteile: Der Treppenraum ist mit Tageslicht zu belichten und kann über Fenster belüftet werden, was für den Rauchabzug im Brandfall eine große Rolle spielt. Die Fenster sollten so dimensioniert werden, dass mindestens 0,5 m² (besser: 1 m²) lichtes Querschnittsmaß pro Geschoss als Fensterfläche zur Verfügung steht. Die Forderung nach dem sicheren Ausgang ins Freie ist im allgemeinen beim außenliegenden Treppenraum kein Problem, da nicht das Gebäude durchquert werden muss, sondern z.B. in der Treppenraumfensterachse im Erdgeschoss anstelle des Fensters eine Tür eingeplant wird.

Unter gewissen Umständen können auch innenliegende Treppenräume genehmigt werden. Allerdings dürfen brandschutztechnische Bedenken nicht bestehen. Zunächst gelten die gleichen Bauteilanforderungen wie beim außenliegenden Treppenraum. Allerdings ist wegen der Unmöglichkeit, Fenster in jedem Geschoss anzuordnen, der Rauchabzug erschwert. Es bleibt nur die Möglichkeit, im obersten Geschoss einen Rauchabzug über das Dach zu führen. Dieser sollte als lichtes Maß mindestens 1 m² oder 5% der Treppenraumgrundfläche groß sein. Bei mehr als fünf Vollgeschossen gilt dieses Maß auch für den außenliegenden Treppenraum. Der Rauchabzug muss vom Erdgeschoss und auch vom obersten Treppenpodest aus zu öffnen sein. Allerdings kann auch verlangt werden, die Rauchabzugseinrichtungen von anderen Stellen aus zu bedienen. Gerade bei dem brandschutztechnisch ungünstigen innenliegenden Treppenraum ist es sinnvoll, von *jedem* Treppenpodest den Rauchabzug ansteuern zu können. Der Gesetzgeber lässt es ausdrücklich offen, den Rauch auch auf andere Weise abzuführen (z.B. über eine maschinelle Entrauchungsanlage). Es wird also davon ausgegangen, dass zwar als Ausnahmesituation Brandrauch in den Treppenraum eindringt, die relativ strengen materiell-rechtlichen Voraussetzungen ermöglichen aber eine Rauchabfuhr im Brandfall (wenngleich dies beim außenliegenden Treppenraum wesentlich besser gelingt).

Eine Besonderheit stellt der Sicherheitstreppenraum dar. Per Definition ist der Sicherheitstreppenraum so beschaffen, dass Feuer und Rauch nicht eindringen können. Diese Forderung wird beim außenliegenden Sicherheitstreppenraum bautechnisch so realisiert, dass der Zugang zum Treppenraum in jedem Geschoss nur über einen Balkon oder offenen Gang – und damit das Freie – zu erreichen ist. Damit ist eine Verrauchung praktisch ausgeschlossen, da der Rauch eines möglicherweise verrauchten Flurs beim Öffnen der Tür durch fliehende Personen über den offenen Gang oder Balkon bereits ins Freie abgeführt wird. In der architektonischen Umsetzung dieser speziellen Treppenraumform sind mehrere Grundrissformen denkbar, die im Einzelfall auf das architektonische Konzept des Gebäudes abgestimmt werden müssen. Am Sicherheitsgrad ändert sich in Abhängigkeit von der Grundrissform nichts.

Bis zur Hochhausgrenze von 22 m ist der Sicherheitstreppenraum so einzustufen, dass hier erster und zweiter Rettungsweg zusammen ausgeführt werden. Ein weiterer Rettungsweg, z. B. über Leitern der Feuerwehr, ist dann nicht erforderlich. Damit sind beide Rettungswege baulich ausgeführt, was sonst nur bei Sondernutzungen wie Verkaufsstätten oder Versammlungsstätten erforderlich ist. Beim Hochhaus aber, wo der 2. Rettungsweg wegen der großen Höhe nicht mehr über Leitern der Feuerwehr hergestellt werden kann, sind zwei bauliche Rettungswege zu schaffen. Hier kann alternativ statt der Ausführung von zwei Treppenräumen ein Sicherheitstreppenraum vorgesehen bzw. nach den Hochhausrichtlinien notwendig werden. Allerdings sind andere materielle Vorschriften des Baurechts, z.B. hinsichtlich der zulässigen Rettungsweglänge, zu berücksichtigen. Bei hohen Hochhäusern müssen grundsätzlich alle Treppenräume als Sicherheitstreppenräume ausgeführt werden.

Der zweite Rettungsweg muss für jede Nutzungseinheit vorhanden sein; er darf unter bestimmten Voraussetzungen auch aus den tragbaren oder fahrbaren Leitern der Feuerwehr bestehen.

175

Der Ausgang ins Freie ist ein wesentliches Element des Rettungswegs. Bei unmittelbaren Ausgängen ins Freie ist der Treppenraum durch eine Öffnung, die in der Regel mit einer Tür versehen ist, verbunden. Als unmittelbarer Ausgang gilt auch eine Verbindung zwischen dem Treppenraum und dem Freien durch einen Vorraum, der ausschließlich als Windfang dient. Der Windfang darf außer den Türen zum Freien und zum Treppenraum höchstens eine weitere Tür zu einer Eingangshalle haben. Brennbare Ausstattungen und dergleichen erhöhen das Brandrisiko und dürfen nicht verwendet werden. Diese Logik folgt den Anforderungen an den Treppenraum, da durch die Hintereinanderschaltung der Räume, die Teil des Rettungswegs sind, prinzipiell alle durch den Treppenraum fliehenden Personen auf den sicheren Ausgang ins Freie angewiesen sind.

In der Musterbauordnung ist die Redundanz der Rettungswege in § 33 Abs. 1 eindeutig festgeschrieben. Hierzu macht die MBO weiter konkrete Aussagen: Der erste Rettungsweg muss in Nutzungseinheiten, die nicht zu ebener Erde liegen, über mindestens eine notwendige Treppe führen; der zweite Rettungsweg kann eine mit Rettungsgeräten der Feuerwehr erreichbare Stelle oder eine weitere notwendige Treppe sein. Für den 1. Rettungsweg gelten strenge baurechtliche Maßstäbe, der Weg ist festgelegt und mit baulichen Maßnahmen gesichert. Damit kann, sofern der erste Rettungsweg durch besondere Umstände im Brandfall nicht verraucht ist, von fliehenden Personen dieser Weg aus eigener Kraft begangen werden. Für den zweiten Rettungsweg sind vom Baurecht auch andere Möglichkeiten vorgesehen. Wird der zweite Rettungsweg nicht ebenfalls baulich ausgeführt, wird dann im Brandfall die Hilfe Dritter, nämlich der Feuerwehr, notwendig. Über Leitern der Feuerwehr wird der zweite Rettungsweg dann dort hergestellt, wo der erste Rettungsweg nicht mehr benutzbar war bzw. Hilfe geboten ist. Beim Einsatz der Feuerwehr spielt der Zeitfaktor eine entscheidende Rolle: Die auf Rettung angewiesenen Personen können den zweiten Rettungsweg zunächst nicht aus eigener Kraft bewältigen, da er durch die Feuerwehr erst hergestellt werden muss. Die Rettung der Personen setzt voraus, dass die Hilfe der Feuerwehr abgewartet werden kann. Unberücksichtigt bleiben Umstände, die zwar Zeit kosten im Einsatzfall, aber unabhängig vom Objekt sind, wie Brandentdeckungszeit, Ausrückzeit der Feuerwehr, Anfahrtsmöglichkeiten zum Objekt, Aufbau der Leitern etc.

Das Baurecht nimmt bei der Festlegung vom ersten und zweiten Rettungsweg bereits eine konkrete Bewertung vor, da der erste Rettungsweg immer baulich ausgeführt werden muss.

Grundsätzlich ist auch die Forderung nach der Unabhängigkeit der beiden Rettungswege festgeschrieben.

Wie bereits oben erwähnt, kann der 2. Rettungsweg eine mit Rettungsgeräten der Feuerwehr erreichbare Stelle sein. Üblicherweise wird diese Stelle ein Fenster sein, es kann aber auch ein Flachdach, Balkon oder sonst eine geeignete Stelle des Gebäudes sein. Wichtig ist dabei die Forderung, dass Personen im Brandfall die Feuerwehr auf sich aufmerksam machen können. Außerdem muss die Fensterbrüstung so niedrig sein, dass ein Übersteigen (auf Leitern der Feuerwehr) problemlos möglich ist. Die Größe dieser zum Retten von Personen notwendigen Fenster ist in § 37 Abs. 5 MBO geregelt: Öffnungen und Fenster, die als Rettungswege dienen, müssen im Lichten mindestens 0,9 x 1,2 m groß und nicht höher als 1,2 m über der Fußbodenoberkante angeordnet sein. Bei liegenden Fenstern darf der Abstand zwischen Traufkante und Unterkante Fenster max. 1 m betragen. In den Landesbauordnungen weicht dieser Wert ab, z.B. ist in manchen Bundesländern momentan nur ein lichtes Maß von mindestens 0,6 x 1 m für das Fenster vorgesehen, in anderen Ländern von 0,9 x 1,2 m.

Die Sicherstellung des zweiten Rettungswegs bei bestehenden Gebäuden durch Leitern der Feuerwehr ist dann nicht mehr gewährleistet, wenn folgende Gegebenheiten vorliegen:

1. Aufgrund der baulichen Gestaltung, z.B. Ausbau des zweiten Dachgeschosses, wird die flache Länge eines Dachflächenfensters zur Traufkante zu groß.

2. Tragbare Leitern der Feuerwehr können nicht durch Zu- oder Durchgänge zur Gebäuderückseite getragen werden. Aufstellflächen für die Hubrettungsfahrzeuge sind nicht vorhanden.

3. Es gibt keinen Sichtkontakt zwischen der zu rettenden Person und Feuerwehr.

4. Rettungsgeräte der Feuerwehr sind nicht in einer angemessenen Zeit verfügbar oder gar nicht vorhanden.

Kann eine Feuerwehrzufahrt nicht hergestellt werden, ist der zweite Rettungsweg nicht sichergestellt. Dann können als Alternative in Absprache mit der örtlichen Brandschutzdienststelle als Ersatzfluchtwege Notleitern aus Metall nach DIN 14094 beantragt werden. Notleitern aus Metall sind Einrichtungen an baulichen Anlagen, über die Menschen im Gefahrenfall gerettet werden können. Die Norm regelt nicht, in welchen Fällen Notleitern anzubringen sind, sondern legt lediglich ihre Ausführung fest. Die Festlegungen in dieser Norm sind auf die notwendigsten Anforderungen begrenzt, weil die Notleiter kein Verkehrsweg ist und nur in Ausnahmefällen als Fluchtweg benutzt wird. Bei mehr als 4 m Leiterlänge ist ein Rückenschutz erforderlich. Die Notleiter muss nach Überarbeitung der DIN 14094 bis zum Erdboden geführt werden; es reicht also nicht mehr aus, sie bis an eine anleiterbare Stelle zu führen; früher waren maximal 8 m über Erdgleiche akzeptabel. Ein Leiterteil darf nicht länger als 10 m sein. Ist die Leiter insgesamt länger, sind mehrere Leiterteile versetzt mit Ausstiegs- und Wartepodest anzuordnen. Die von oben kommende Leiter muss immer auf einem Podest bzw. Erdgleiche enden. Bei Notleitern, die innerhalb von Balkonen geführt werden, ist die Durchstiegsöffnung gegen Absturzgefahr zu sichern, z.B. mit einer Umwehrung.

Es gibt besondere Anforderungen und Erleichterungen an Rettungswege nach der Industriebaurichtlinie (Fassung 3/2000): Zu den Rettungswegen in Industriebauten gehören insbesondere die Hauptgänge in den Produktion- und Lagerräumen, die Ausgänge aus diesen Räumen, die notwendigen Flure, die notwendigen Treppen und die Ausgänge ins Freie. Jeder Produktion- oder Lagerraum mit einer Fläche von mehr als 200 m² muss mindestens zwei Ausgänge haben. Von jeder Stelle eines Produktions- oder Lagerraums soll mindestens ein Hauptgang nach höchstens 15 m Lauflänge erreichbar sein. Hauptgänge müssen mindestens 2 m breit sein; sie sollen gradlinig auf kurzem Wege zu Ausgängen ins Freie, zu notwendigen Treppenräumen, zu anderen Brandabschnitten oder zu anderen Brandbekämpfungsabschnitten führen. Diese anderen Brandabschnitte oder Brandbekämpfungsabschnitte müssen Ausgänge unmittelbar ins Freie oder zu notwendigen Treppenräumen mit einem sicheren Ausgang ins Freie haben. Für mehrgeschossige Industriebauten mit einer Grundfläche mit mehr als 1600 m² müssen in jedem Geschoss mindestens zwei möglichst entgegengesetzt liegende bauliche Rettungswege vorhanden sein. Einer dieser Rettungswege darf über Außentreppen ohne Treppenräume, über Rettungsbalkone, über Terrassen und/oder über begehbare Dächer auf das Grundstück führen, wenn der Rettungsweg im Brandfall nicht durch Feuer und Rauch gefährdet werden kann. Von jeder Stelle eines Produktions- oder Lagerraums aus muss mindestens ein Ausgang ins Freie, ein notwendiger Treppenraum, ein anderer Brandabschnitt oder ein anderer Brandbekämpfungsabschnitt sein:

– bei Räumen mit einer mittleren lichten Raumhöhe von bis zu 5 m in höchstens 35 m Entfernung;

– bei Räumen mit einer mittleren lichten Raumhöhe von mindestens 10 m in höchstens 50 m Entfernung erreichbar.

Bei Vorhandensein

– einer automatischen Brandmeldeanlage mit geeigneten, schnell ansprechenden Meldern, wie Rauch- oder Flammenmelder, und einer daran angeschlossenen Alarmierungseinrichtung für die Nutzer (interner Alarm) oder

– einer selbsttätigen Feuerlöschanlage und einer Alarmierungsanlage mit mindestens Handauslösung

ist es zulässig, dass der Ausgang ins Freie, der notwendige Treppenraum, der andere Brandabschnitt oder der andere Brandbekämpfungsabschnitt

– bei Räumen mit einer mittleren lichten Raumhöhe von bis zu 5 m in höchstens 50 m Entfernung,

– bei Räumen mit einer mittleren lichten Raumhöhe von mindestens 10 m in höchstens 70 m Entfernung

erreicht wird.

Bei mittleren lichten Raumhöhen zwischen 5 m und 10 m darf zur Ermittlung der zulässigen Entfernung zwischen den vorgenannten Werten interpoliert werden. In Produktions- oder Lagerräumen mit höher gelegenen betriebstechnischen Ebenen mit Arbeitsbereichen, ist die mittlere lichte Raumhöhe in diesen Bereichen auf diese Ebene zu beziehen.

Bei der Ermittlung der mittleren lichten Raumhöhe werden untergeordnete Räume oder Ebenen mit einer Fläche von bis zu 400 m² nicht berücksichtigt. Die Entfernung wird in der Luftlinie, jedoch nicht durch Bauteile gemessen. Die tatsächliche Lauflänge darf nicht mehr als das 1,5 fache der festgelegten Rettungsweglänge (s.o.) betragen.

Das Baurecht fordert im § 4 Abs. 1 der Musterbauordnung (MBO): „Gebäude dürfen nur errichtet werden, wenn das Grundstück in angemessener Breite an einer befahrbaren öffentlichen Verkehrsfläche liegt, oder wenn das Grundstück eine befahrbare, öffentlich-rechtlich gesicherte Zufahrt zu einer befahrbaren öffentlichen Verkehrsfläche hat; bei Wohnwegen kann auf die Befahrbarkeit verzichtet werden, wenn wegen des Brandschutzes Bedenken nicht bestehen". Üblicherweise wird eine Entfernung von 50 m zwischen baulicher Anlage und öffentlicher Verkehrsfläche als ausreichend angesehen, es sei denn, bei dem betreffenden Objekt handelt es sich um eine bauliche Anlage besonderer Art oder Nutzung (z.B. Schule, Hochhaus, Versammlungsstätte). Dann ist eine kürzere Entfernung zur öffentlichen Verkehrsfläche anzusetzen.

Aus baurechtlicher Sicht werden vorbereitend für den Rettungs- und Löscheinsatz im Brandfall Zugänge, Feuerwehrzufahrten und Aufstell- und Bewegungsflächen gefordert. Hierbei steht zunächst natürlich die Rettung von Personen im Vordergrund; aber die genannten Flächen für die Feuerwehr haben gleichzeitig eine weitere Funktion: Sie bilden den Angriffsweg der Feuerwehr. Es müssen ggf. tragbare Leitern in Stellung gebracht werden, Schlauchleitungen sind auf möglichst kurzem Wege zu verlegen, Be- und Entlüftungsgeräte, Krankentragen etc. müssen herangeschafft werden und bedingen damit entsprechende Zugangsmöglichkeiten zum Objekt. Zunächst ist zu prüfen, ob die bauliche Anlage zum Retten notwendige Fenster oder ähnliche Anleiterstellen aufweist, deren Brüstungshöhe mehr als 8 m über der Geländeoberfläche liegt. Trifft dies zu, ist der zweite Rettungsweg grundsätzlich über Hubrettungsgeräte der Feuerwehr sicherzustellen.

Handelt es sich im anderen Fall um ein Gebäude geringer Höhe mit Brüstungshöhen im obersten Geschoss von maximal 8 m Höhe, reicht zur Menschenrettung und Sicherstellung des zweiten Rettungswegs der Einsatz tragbarer Leitern aus. Diese Rettungsgeräte werden von der Feuerwehr im Einsatzfall vom Fahrzeug zur Einsatzstelle, im Allgemeinen ein zum Retten notwendiges Fenster, getragen. Hierzu ist allerdings dann ein Zugang oder Durchgang erforderlich.

Bei Gebäuden im Bestand muss man ebenfalls einen zweiten Rettungsweg für alle Nutzungseinheiten herstellen, z.B. durch nachträglich angebrachte Fluchtleitern.

4.4 Abwehrender Brandschutz – Einsatztaktik der Feuerwehr

Ziel der Feuerwehrtaktik ist es, nach Eintreffen der Feuerwehr an der Einsatzstelle den Schaden auf das bis dahin entstandene Ausmaß zu begrenzen. Zukünftig wird sich die Einsatztaktik der Feuerwehr voraussichtlich stärker an wirtschaftlichen Gesichtspunkten orientieren. Neben dem vorrangigen Ziel, Menschen und Tiere zu retten, ist es das Ziel der Feuerwehr, den Gesamtschaden zu minimieren. Reine Brandschäden machen in der Praxis aber oft nur einen Bruchteil des Gesamtschadens aus. Rauchschäden, Sanierung und Entsorgung sowie Ausfallzeiten verursachen höhere Kosten. Die klassischen Aufgaben der Feuerwehr „Retten – Löschen – Bergen – Schützen" werden hier nicht berücksichtigt, sondern es wird ausschließlich auf die Einsatztaktik eines Brandereignisses abgestellt. Welche Möglichkeiten hat die Feuerwehr nun, diese hochgesteckten Ziele zu erreichen?

Brände werden nach ihrer Größe unterschieden in:

– Entstehungsbrand (Einsatz eines Kleinlöschgeräts),

– Kleinbrand (Einsatz von mehreren Kleinlöschgeräten oder 1 C-Rohr),

– Mittelbrand (Einsatz von 2–3 C-Rohren bzw. Sonderlöschmitteln),

– Großbrand (Einsatz von mehr als 3 C-Rohren, hierbei gilt: 1 B-Rohr $\triangleq$ 2 C-Rohre).

In Abhängigkeit vom Meldebild, bei dem der Disponent der Leitstelle feststellt, um welche Größenordnung von Schadenfeuer es sich handelt, wird eine taktische Einheit der Feuerwehr alarmiert. Dies kann ein selbständig operierendes Einzelfahrzeug sein, z.B. ein Tanklöschfahrzeug für einen Mülltonnenbrand. Oder es wird gleich ein ganzer Zug alarmiert mit mehreren Fahrzeugen: Einsatzleitfahrzeug, (Hilfeleistungs-)Löschfahrzeuge, Hubrettungsfahrzeug, Rettungswagen. Die Alarmierung eines Zuges erfolgt immer dann, wenn aufgrund der Meldung zu erwarten ist, dass Personen in Gefahr sind oder das Feuer bereits größere Ausmaße angenommen hat.

Nach Eintreffen an der Einsatzstelle wird vom Einsatzleiter oder der von ihm beauftragten Personen eine Erkundung durchgeführt. Hierbei stellt der Einsatzleiter den Gefahrenschwerpunkt fest und entscheidet sofort, wie die Hauptgefahr und in Folge die weiteren Gefahren beseitigt werden können. Er wird berücksichtigen, was er an Mannschaft und Gerät unmittelbar verfügbar hat und was nachgefordert werden muss und erst mit zeitlicher Verzögerung eintrifft. Danach erfolgt der Einsatzbefehl für die Einsatzkräfte. Dieser beschriebene Vorgang nimmt im Allgemeinen nur wenige Minuten in Anspruch, bis jede Einsatzkraft konkret ihre Aufgabe kennt und mit der Durchführung beginnt.

Bei einem Schadenfeuer wird die Brandbekämpfung im Regelfall mit einem Außenangriff, einem Innenangriff oder kombiniert mit Außen- und Innenangriff durchgeführt. Die beiden Angriffsarten unterscheiden sich dadurch, dass beim Innenangriff unter Atemschutz in das Gebäude eingedrungen wird, um besser an den Brandherd heran zu kommen. Dann kann mit angemessenem Löschstrahl der Brand gezielt bekämpft werden. Der Vorteil hierbei ist, dass nur eine geringe Löschwassermenge gebraucht wird und damit Löschwasserschäden durch abfließendes Löschwasser vermieden wird. Ungenutztes Löschwasser dringt in die Bauteile ein, durchnässt das gesamte Gebäude, auch in nicht vom Brandereignis betroffenen Abschnitten mit Mobiliar und Wertsachen und zerstört damit den Wert des Gebäudes.

Beim Außenangriff wird durch Öffnungen (z.B. Fenster) in das Gebäude gespritzt, damit ist nur ein unkoordiniertes Löschen möglich. Eine Erfolgskontrolle ist nicht möglich, da im Regelfall keine ausreichende Sichtverbindung mit dem Feuer im Innern des Gebäudes besteht. Der Außenangriff wird nur dort verwendet, wo das Eindringen in das Gebäude zu riskant ist oder bereits an der Fassade ein Flammenüberschlag stattfindet. Wie oben dargestellt, können der Innen- und Außenangriff kombiniert angewandt werden.

Vorrangig ist die Rettung von Personen. Menschenrettung geht vor Brandbekämpfung, so lautet ein Einsatzgrundsatz. Wie bereits bei dem Punkt Rettung dargestellt, ergeben sich drei Möglichkeiten für die Rettung:

– Einsatz tragbarer Leitern bis zur Höhe von 7 m Fußbodenniveau;

– Einsatz von Hubrettungsfahrzeugen bis zur Höhe von 22 m Fußbodenniveau;

– Rettung über Treppen und Treppenräume (baulicher Rettungsweg), ggf. in Begleitung der Feuerwehr mit Fluchthaube, sofern dieser Rettungsweg verraucht sein sollte.

Wärmebildkameras werden von der Feuerwehr zur raschen Orientierung in verrauchten Räumen eingesetzt. Damit ist der Brandherd schnell zu finden und selbst Personen können schnell geortet werden, die durch den Rauch bewusstlos geworden sind. Da es in diesem Fall wegen der Toxizität des Rauchs um Sekunden geht, muss nach Auffinden einer Person im Rauch diese sofort in einen rauchfreien Bereich gebracht werden und notärztlich betreut werden.

Überflurhydranten sind leichter aufzufinden, schneller einsatzbereit, schwerer zuzuparken und sie geben meist mehr Wasser ab als Unterflurhydranten; hier sieht man links einen älteren, geöffneten Fallmantelhydranten und rechts einen Überflurhydranten ohne Fallmantel.

Während des Löschangriffs ist sofort eine Löschwasserversorgung aufzubauen, da die mitgeführte Löschwasserkapazität der Löschfahrzeuge nur für wenige Minuten ausreicht. Gerade so lange, bis von dem Hydrantensystem oder einem offenen Gewässer Löschwasser in ausreichender Menge herangeführt werden kann. Besondere Gefahren im Einsatzfall können sich durch Stichflammen ergeben, ein Flashover, bei dem größere Mengen unverbrannter Rauchgase schlagartig durchzünden.

Entzünden sich außerhalb der Arbeitszeiten nicht ausgeschaltete und nicht benötigte Elektrogeräte, kann es Probleme mit der Feuerversicherung geben.

Hierbei können Temperaturen von mehreren Hundert Grad entstehen, die Flamme schießt über die Köpfe der Einsatzkräfte hinweg, da diese sofort in Deckung auf den Boden gegangen sind. Eine weitere kritische Situation ist die drohende Einsturzgefahr. Deshalb sind bei einem Brand trotz Verrauchung immer die Bauteile im Blick zu haben; der Einsatzleiter muss beurteilen können, ob sich noch Einsatzkräfte im Gebäude aufhalten können oder ob die Einsturzgefahr so groß ist, dass nur noch der Außenangriff möglich ist. Holzbauteile haben hier den Vorteil, dass sie auch bei Abbrand noch tragende Funktion erfüllen und anhand des verbleibenden Querschnittes eine grobe Abschätzung der Tragfähigkeit ermöglichen. Ungeschützte Stahlbauteile verformen sich plastisch bei ca. 500 ° C und bilden damit eine Gefahr des Bauteilversagens. Eine besondere Gefahr bilden Gebäude, deren Dachtragwerk mit Nagelplattenbindern ausgeführt wurde. Die Konstruktionsart wird oft beim Bau von eingeschossigen Discountmärkten verwendet, da so günstig und schnell gebaut werden kann. Einmal gezündet und im Feuer versagt die Konstruktion sehr schnell. Ein Innenangriff ist wegen der drohenden Einsturzgefahr nicht mehr möglich, folglich ein Totalschaden des Gebäudes.

Zur Unterstützung des Einsatzes stehen dem Einsatzleiter bei besonderen Objekten Feuerwehrpläne zur Verfügung. Feuerwehrpläne dienen der schnellen Orientierung im Objekt. Sie werden nach DIN 14095 ausgeführt und können auch Angaben über das taktische Vorgehen enthalten. Der Feuerwehrplan enthält Angaben über die Bezeichnung des Objekts, Geschossangaben, Trennwände, Brandabschnitte, Öffnungen in Decken und Wänden, Treppenräume, Feuerwehraufzüge, Rauch- und Wärmabzugsanlagen etc. Damit ist der Einsatzleiter gut über die vorbeugenden baulichen Maßnahmen im Objekt informiert.

Die Summe der Brandschäden steigt stetig an, einerseits begründet durch die Inflationsrate, andererseits durch die Wertekonzentration in den Objekten und die wachsende Größe der Objekte. Nach Feststellungen der Feuerversicherer wird die Schadenhöhe insbesondere im Bereich der gewerblichen Wirtschaft – also durch Brände im Industriebereich verursacht. Hinsichtlich des Zusammenhangs zwischen Schadenfall und Schadenhöhe kann nach Auswertung vieler Brände als Anhaltspunkt gelten: 0,5% der Schadenfälle verursachen ca. 50% der Schadenhöhe.

Dabei handelt es sich um ca. 300 – 400 Millionen € an Schäden jährlich, von denen Industriebauten wie Produktionsanlagen und Lagerhallen betroffen sind. Umgekehrt ist es eine gesicherte Erfahrung, dass in Industriebauten bei den genannten Großbränden wenig Personenschäden zu beklagen sind. Die Ursache liegt darin, dass auf dem Gebiet des unmittelbaren Personenschutzes, z.B. bei der Ausbildung der Rettungswege – bei

Weitem keine so großen Zugeständnisse gemacht werden wie bei den Forderungen, die einer Verhinderung der Brandausbreitung, also der Sachschadensbegrenzung dienen sollen. In den Vorschriften des Bauordnungsrechtes wird der Sachgüterschutz gegenüber dem Personenschutz weit weniger berücksichtigt: „... dass insbesondere Leben oder Gesundheit nicht gefährdet werden."

Solche Schilder sind immer dann offiziell, wenn sie wie hier behördlich mit einem Siegel versehen sind.

Dem Einsatz der Feuerwehr sind natürlich Grenzen gesetzt: Faktoren wie Personalknappheit, verzögerte Anfahrt durch verstopfte Straßen und eine verspätete Alarmierung sind Aspekte, die einer Brandausbreitung erheblichen Vorschub leisten können und dann den Einsatzerfolg gefährden. Die Erfahrung aus vielen Bränden hat gezeigt, dass der Einsatz der Feuerwehr nur den Nachbarschutz sicherstellen kann, wenn die Brandfläche erst einmal eine bestimmte Größe erreicht hat. Hierbei kann als Anhaltspunkt für Brände im Gebäude ohne besondere zusätzliche Risiken bestätigt werden:

- Brandfläche < 200 m²: Für die Feuerwehr ohne weiteres beherrschbar

- Brandfläche < 400 m²: Innenangriff nur mit Schwierigkeiten

- Brandfläche > 400 m²: Außenangriff, Nachbarschutz

Daher ist es brandschutztechnisch ein großes Zugeständnis, dass es nach den Landesbauordnungen erlaubt ist, Bürobereiche bis zu 400 m² ohne brandschutztechnische Unterteilung herzustellen. Wie kann nun eine Brandausbreitung im Betrieb verhindert oder zumindest eingegrenzt werden? Die Antwort liegt in einer detaillierten Vorbeugung, hierbei muss man schadenorientiert vorbeugen. Um die Schadenhöhe zu begrenzen, können folgende Maßnahmen in Betracht kommen:

- Brandabschnittsgrößen begrenzen;

- Vermehrt Sprinklerschutz fordern – nicht nur zur Kompensation baulicher Mängel;

- Von allen technischen Möglichkeiten der automatischen Brandentdeckung Gebrauch machen (z.B. auch Rauchgasansaugsystem);

- Rauch- und Wärmeabzugsanlagen einbauen.

4.4.1 Hydranten, Wandhydranten und trockene Steigleitungen

Die klassische Löschwasserentnahmemöglichkeit aus dem Trinkwassernetz erfolgt im Allgemeinen über Hydranten. Diese unterscheiden sich in Unterflur- und Überflurhydranten. Unterflurhydranten haben den Vorteil, dass sie sich unauffällig in das Straßennetz und die Oberfläche einfügen. Die Vorteile des Überflurhydranten überwiegen aber bei weitem die Vorteile des Unterflurhydranten:

- Die Wasserlieferung ist bei gleicher Nennweite erheblich größer.

- Die Gefahr des Zuparkens im öffentlichen Raum ist gering.

- Die Inbetriebnahme ist schneller möglich.

In offenen/geschlossenen Wohngebieten sollte der Abstand maximal 120 m/100 m, in Innenstädten nicht mehr als 80 m betragen.

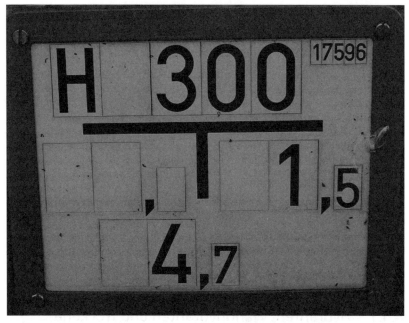

Hier erkennt die Feuerwehr, dass ein Hydrant mit 300-er Leitung (d.h. Innendurchmesser 300 mm) von diesem Schild in 1,5 m Entfernung nach rechts und dann 4,7 m nach vorn liegt; es werden nur Unterflurhydranten mit solchen Schildern versehen, weil Überfluthydranten sichtbar und damit leicht auffindbar sind.

In ausgedehnten Gebäuden kann es erforderlich werden, dass Löschwasserleitungen von vornherein im Gebäude installiert werden. Die Feuerwehr spart mit diesen Einrichtungen erheblich Zeit. Zu unterscheiden sind: Trockene und nasse Steigleitungen.

Wandhydranten werden an eine nasse Steigleitung angeschlossen und sie sind immer sowohl für Mitarbeiter, als auch für die Feuerwehr vorhanden. Die Norm fordert formstabile Schläuche, weil diese wesentlich einfacher zu handhaben sind. Der Löschwasserstrahl muss jede Stelle im Gebäude erreichen können, damit ein flächendeckender Schutz gegeben ist.

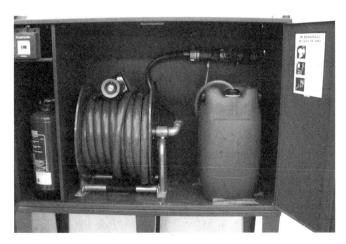

*Moderner Wandhydrant mit Schaumzumischung, Feuerlöscher und Hand-
feuermelder in einer Einheit.*

*Optimal: Handfeuermelder, Entrauchung, Brandschutzordnung A, Hand-
feuerlöscher und Wandhydrant gut erkennbar hinter einer Glasscheibe.*

Trockene Steigleitungen werden vertikal in Hochhäusern oder hohen Häusern verlegt; hier kann die Feuerwehr Wasser von außen einspeisen, um dann z.b. im 9. Stockwerk Löschwasser entnehmen zu können. Der große Vorteil sind die Zeit- und Kraftersparnisse, woraus ein schnellerer Löscheinsatz resultiert. Trockene Steigleitungen kommen auch dann zum Einsatz, wenn der Spalt zwischen den Treppenläufen (Treppenauge) so schmal ist, dass kein Schlauch hochgezogen werden kann. Ferner wird bei Einbau eines Aufzugs zwischen den einzelnen Podesten eine trockene Steigleitung erforderlich.

Das Einsatzziel der Feuerwehr lautet: Der Schaden ist auf den vorgefundenen Umfang zu beschränken. Das bedeutet keine weitere Brand- oder Rauchausbreitung nach Beginn der Löscharbeiten. Die Brandbekämpfung führt erfahrungsgemäß zu einem Löscherfolg, wenn es sich um ein Gebäude mit raumabschließenden Trennwänden und Geschossdecken handelt und keine baulichen Mängel aufweist. Der Erfolg des abwehrenden Brandschutzes ist also wiederum eine Funktion des baulichen Brandschutzes. Gebäude in Zellenbauweise bergen Gefahren hinsichtlich der Rettung, nicht jedoch der Brandausbreitung. Anders in Gebäuden ohne bauliche Trennung, hier führt die Rauchausbreitung meist zwar nicht zu Personenschäden, aber die Brandausbreitung kann zum Totalverlust des Gebäudes führen. Dies beweisen immer wieder (neben anderen Ursachen) die durch Brandeinwirkung verursachten Großschäden. Damit die Feuerwehr ihrer (Lösch)-Aufgabe gerecht werden kann, ist bei größeren Brandrisiken durch die bauliche Ausgestaltung auszuschließen, dass ein Brand „zu groß" werden kann. Dies kann geschehen durch Brandmeldung, Brandwände oder Löschanlagen.

Die erforderlichen Volumenströme für Löschwasser werden vorgegeben mit:

- 800 l/min. ($\triangleq$ 48 m^3/h) – Wohnhausgegend

- 1.600 l/min. ($\triangleq$ 96 m^3/h) – Gewerbegebiet

- 3.200 l/min. ($\triangleq$ 192 m^3/h) – Industriegebiet

Diese Löschwassermenge muss je für die ersten beiden Stunden sein, danach darf die Menge abnehmen; damit wird es möglich, neben einer unendlichen Löschwasserquelle (öffentliches Wassernetz) auch eine endliche Löschwasserquelle (z.B. Löschwasserbehälter) zu benutzen.

Die verschiedenen Schläuche der Feuerwehr (mit/ohne Mundstück) sind für folgende Volumenströme ausgelegt:

- A-Schlauch (1.600 l/min.) zur Wasserbeförderung

- B-Schlauch (400/800 l/min.) – Löschschlauch

- C-Schlauch (100/200 l/min.) – Löschschlauch
- D-Schlauch (15 l/min.) – Schlauch in einem Wandhydranten, Typ „S".

Die Feuerwehr verwendet üblicherweise C-Schläuche und bei Großbränden auch B-Schläuche. Die D-Schläuche sind formstabil oder nicht formstabil, sie sind im Durchmesser dicker als Gartenschläuche, aber dünner als C-Schläuche. A-Schläuche müssen formstabil sein, wenn sie zum Saugen eingesetzt werden.

4.4.2 Verhalten bei und nach Bränden

Das richtige Verhalten bei und nach Bränden ist nicht generell festzulegen. Zunächst ist es wichtig, sich so schnell als möglich selbst zu retten. Für den hilfsbereiten Menschen gibt es noch eine Menge an Aufgaben: Unterstützung von Personen, die sich nicht retten können. Allerdings ist hierbei besonders zu berücksichtigen, dass man sich niemals selbst wieder in Gefahr begeben sollte, nur um seine Leistungsfähigkeit zu beweisen. Besonders vom Brandrauch geht eine tödliche Gefahr aus.

Löschwasserschaden: Entfeuchtung des Betonbodens in einem Rechenzentrum nach einem Löscheinsatz der Feuerwehr.

191

Die vfdb (Vereinigung zur Förderung des Deutschen Brandschutzes) hat ein Merkblatt (Richtlinie zum Umgang mit kalten Brandstellen) herausgegeben, bei dem dargestellt ist, wie die Wohnung oder Nutzungseinheit wieder saniert werden kann (vfdb 2217). Dieses Merkblatt ist von den Feuerversicherungen zu beziehen.

Die sofortigen und vor allem die richtigen Schritte nach einem Brandschaden sind von entscheidender Bedeutung für die weitere Entwicklung der Schadenhöhe und die Dauer der Betriebsunterbrechung. So sollte man sofort nach dem Löschen des Brandes und der Freigabe durch die Behörden (Feuerwehr und Polizei bzw. Kriminalpolizei) für ausreichende Entlüftung und vor allem für sofortige Trocknung sorgen. Die Freigabe der Behörden ist wichtig, denn ein Gebäude kann z.B. einbruchgefährdet sein, oder aber die Polizeibeamten müssen noch Spuren sichern, z.B. bei Brandstiftung. Geräte sind ggf. aus den durch den Brand betroffenen Bereichen zu entfernen. Wenn man binnen 24 Stunden nicht aktiv geworden ist, dann kann ein Löschmittel-Folgeschaden und/oder ein Wasserschaden bzw. Feuchtigkeitsschaden eingetreten sein, der den eigentlichen Brandschaden um ein Vielfaches überschreitet. Deshalb muss man gerade vom Versicherer eine Notrufnummer bereit haben, um 24 Stunden eine qualifizierte Anlaufstelle zu haben.

Die Alarmierung ist eine ganz wichtige Säule in der Brandschutzphilosophie. Hierzu wird im Allgemeinen die Brandmeldeanlage oder ein Telefon eingesetzt. Die Brandmeldeanlage ist entweder direkt durchgeschaltet zur Feuerwehr oder die gefährdeten Personen müssen sich bemerkbar machen und die Alarmierung von Hand einleiten. Ein interner Alarm mit einem Notsignal nach DIN 33404 kann Personen im Gebäude warnen und in Folge kann die Feuerwehr dann durch die Personen alarmiert werden.

Je später Einsatzkräfte alarmiert werden, umso größer kann der Brandschaden werden. Deshalb ist es besonders wichtig, dass baldmöglichst nach Brandausbruch Einsatzkräfte gerufen werden. Dies geschieht z.B. mittels Telefon oder Handfeuermelder, wenn Personen anwesend sind. Sprinklerköpfe oder automatische Brandmelder sind technische Einrichtungen, die immer, also innerhalb und außerhalb der Anwesenheit von Personen zuverlässig Brände löschen bzw. melden. Wenn man bedenkt, dass 33% aller Brände in der Industrie außerhalb der Arbeitszeit ausbrechen und 62% der Schadenkosten anrichten wird klar, wie wichtig es ist, automatische Brandmelder zu installieren.

Diese Löschübung im Freien zeigt, wie viel Pulver bei einem ABC-Löscher freigesetzt wird und wie fein er sich verteilt; binnen Stunden kann es an/in elektrischen und elektronischen Anlagen und Geräten und auf blanken Metallteilen zu zerstörenden Korrosionen kommen, wenn nicht umgehend und richtig gehandelt wird.

5. Die verschiedenen Feuerwehren in Deutschland und deren Aufgaben

Es gibt folgende Arten von Feuerwehren in Deutschland:

- Berufsfeuerwehr
- Freiwillige Feuerwehr mit nebenberuflichen Kräften
- Freiwillige Feuerwehr mit hauptberuflichen Kräften
- Pflichtfeuerwehr
- Werkfeuerwehr
- Betriebsfeuerwehr

5.1 Öffentliche Feuerwehren

Öffentliche Feuerwehren sind im Rahmen des Gemeinwesens für die Öffentlichkeit zuständig und damit unterscheiden sie sich von den privaten Feuerwehren. Diese sind meist ausschließlich für ein Unternehmen zuständig. Öffentliche Feuerwehren werden vom Steuerzahler bezahlt. Berufsfeuerwehr und die Freiwillige Feuerwehr sind Öffentliche Feuerwehren.

In den wenigsten Gegenden gibt es Berufsfeuerwehren, ca. 95 % aller Feuerwehrleute gehören den Freiwilligen Wehren an und lediglich die verbleibenden 5 % sind Berufsfeuerwehrleute.

Berufsfeuerwehren sind nur in Großstädten ab ca. 100.000 Einwohner erforderlich. Von einigen Ausnahmen (z.B. Eberswalde mit 45.000 Einwohnern) abgesehen wird dies in den einzelnen Großstädten aus Kostengründen so umgesetzt. Im Regelfall ist hinsichtlich der Personalbemessung für 1.000 Einwohner 1 Berufsfeuerwehrmann einzuplanen.

Berufsfeuerwehren unterscheiden sich deutlich hinsichtlich der Ausbildung und der stetigen Präsenz auf der Feuerwache von den Freiwilligen Feuerwehren. Nachstehend sind einige Merkmale einer Berufsfeuerwehr aufgeführt:

Feuerwehrmänner sind regelmäßig Beamte und hauptamtlich tätig. Die Einsatzkräfte sind 24 Stunden an 365 Tagen auf der Feuerwache präsent und können sofort von dort abrücken. Sie tragen Dienstkleidung und sind permanent einsatzbereit. Die Zeit bis zum alarmmäßigen Verlassen der Feuerwache liegt bei ca. 1 Minute. Innerhalb des Stadtgebiets können die Feuerwehrmänner zu einer taktischen Einheit in Zugstärke zusammengefasst werden, wenn nicht bereits mit Zugstärke von einer Wache ausgerückt wird. Dies umfasst eine Personalstärke von ca. 12 – 16 Feuerwehrleuten und mehreren Löschfahrzeugen sowie einem Hubrettungsfahrzeug (Drehleiter). Die Ausbildung umfasst je nach Bundesland und Kommune ca. 2.400 Stunden für den mittleren feuerwehrtechnischen Dienst, ca. 3.200 Stunden für den gehobenen feuerwehrtechnischen Dienst und ca. 4.000 Stunden für den höheren feuerwehrtechnischen Dienst. Für den gehobenen und höheren feuerwehrtechnischen Dienst ist als Eingangsvoraussetzung eine ingenieurwissenschaftliche oder eine andere naturwissenschaftliche Ausbildung erforderlich (Bachelor und Master).

Die Feuerwachen sind im Stadtgebiet so positioniert, dass jeder Punkt des Stadtgebietes nach ca. 10 Minuten erreicht werden kann.

In jeder Kommune oder Gebietskörperschaft gibt es, von wenigen Ausnahmen abgesehen, eine Freiwillige Feuerwehr. Die Freiwillige Feuerwehr ist gekennzeichnet durch folgende Aspekte:

Die Feuerwehrmänner sind ehrenamtlich tätig. Sie sind im Regelfall nicht im Feuerwehr-Gerätehaus, sondern wie andere Bürger bei der Arbeit oder zu Hause. Die Ausrückezeiten liegen je nach Örtlichkeit des Gerätehauses bei ca. 5 Minuten. Die Feuerwehrmänner treffen nach und nach im Gerätehaus ein, sowie ein Einsatzfahrzeug einsatzklar ist und taktisch handlungsfähig, rückt es aus.

Die Ausbildung beträgt mindestens 50 Stunden und kann für Spezialkräfte und Führungskräfte auf bis zu 400 Stunden ansteigen. Eine Besonderheit bilden Freiwillige Feuerwehren mit hauptamtlichen Kräften. Dieser Feuerwehrtyp wird im Regelfall in größeren Gemeinden vorgehalten, die aufgrund ihrer Einwohnerzahl aber noch nicht die Notwendigkeit für eine Berufsfeuerwehr haben. Die hauptamtlichen Kräfte übernehmen die Funktion wie Berufsfeuerwehrmänner, sofern nicht ein besonderer Dienst vorliegt, z.B. Tagesdienst mit gerätetechnischer Betreuung der Einsatzgeräte und Verstärkung durch die nichthauptamtlichen Kräfte in den Abend- und Nachtstunden.

Pflichtfeuerwehren sind dann einzurichten, wenn nach den Feuerwehrgesetzen der Länder in einer Gemeinde keine Freiwillige Feuerwehr gebildet wird. Dann kann die Gemeinde eine Pflichtfeuerwehr einsetzen und die Bürger bzw. die Bediensteten der Gemeinde zum Dienst in der Feuerwehr verpflichten. Eine Pflichtfeuerwehr in der Bundesrepublik ist derzeit nicht erforderlich, da genügend freiwillige Einsatzkräfte flächendeckend zur Verfügung stehen.

5.2 Privatrechtliche Feuerwehren

Private Feuerwehren müssen in besonderen Notfällen auch anderen Unternehmen oder bei Verkehrsunfällen helfen; im „Normalfall" jedoch sind sie ausschließlich für ein einziges Unternehmen oder für ein Industriegebiet mit mehreren Unternehmen zuständig. Diese Feuerwehren nennt man Werkfeuerwehren oder Betriebsfeuerwehren, je nach personeller oder gerätetechnischer Ausstattung.

Die Feuerwehren benötigen die in der nachfolgenden Tabelle aufgeführten Mindestausrüstungen und Mindestschichtstärken, um die VdS-Anerkennung oder auch die Anerkennung nach Landesrecht zu erhalten:

Werksfeuerwehr mit überwiegend hauptberuflichen Einsatzkräften:

– Anerkennung nach Landesrecht,

– Feuerwehrleitstelle,

– Feuerwache (max. 3 km entfernt),

– 1 Löschgruppenfahrzeug LF 8 oder LF 16,

– Überwiegend hauptberufliche Einsatzkräfte zur Besetzung der Feuerwehrfahrzeuge auf der Feuerwache,

– Schichtstärke: Mindestens 5 Einsatzkräfte auf der Feuerwache,

– Nebenberufliche Einsatzkräfte zur vollständigen Besetzung der Feuerwehrfahrzeuge, Schichtstärke mindestens 4 Einsatzkräfte auf dem Werksgelände,

– In der Feuerwehrleitstelle: Schichtstärke mindestens 1 Einsatzkraft,

– Alarmierung an die Einsatzkräfte: Für hauptberufliche Einsatzkräfte in der Feuerwache, für nebenberufliche Einsatzkräfte auf dem Werksgelände. Empfehlung: Gesicherte Alarmierung der dienstfreien Einsatzkräfte in deren Wohnungen.

Für einige, besonders gefährdende Unternehmensarten wird es behördlicherseits vorgegeben, dass es eine eigene Feuerwehr gibt, die nach dem jeweiligen Landesrecht anerkannt ist.

Sonstige Werkfeuerwehr:

– Anerkennung nach Landesrecht erforderlich,

– Feuerwehrleitstelle oder Feuermeldestelle,

– Feuerwehrhaus,

– nach Anerkennungsbescheid: Mindestens 1 Löschgruppenfahrzeug LF 8 oder LF 16,

– Einsatzkräfte auf dem Werksgelände nach Anerkennungsbescheid: Schichtstärke mindestens 1 Gruppe (9 Einsatzkräfte),

– Einsatzkräfte in der Feuerwehrleit- oder Feuermeldestelle: Mindestens 1 Person,

– Alarmierung der Einsatzkräfte auf dem Werksgelände; Empfehlung: Gesicherte Alarmierung der Einsatzkräfte auch in deren Wohnungen.

Die Feuerversicherer geben bis zu 35% Rabatt auf die Feuerversicherungen für Gebäude und Inhalte und auch auf die Feuer-Betriebsunterbrechungsversicherung, wenn es eine nach Landesrecht anerkannte, eigene Feuerwehr gibt. Öffentliche Feuerwehren werden immerhin mit bis zu 10% rabattiert (gibt es eine Sprinklerung, lediglich mit 5%). Denn es zeigt sich seit Jahrzehnten, dass große Brandschäden in solchen Unternehmen wesentlich seltener eintreten und Brände absolut betrachtet ebenfalls seltener vorkommen; letzteres deshalb, weil die Mitarbeiter der eigenen Feuerwehren auch Begehungen und brandschutztechnische Verbesserungen vornehmen.

Betriebsfeuerwehren mit ständiger Einsatzbereitschaft benötigen mindestens nach den VdS-Vorgaben:

– Feuerwehrmeldestelle,

– Feuerwehrhaus,

– 1 Tragkraftspritzenhaus (TSF),

– Schichtstärke auf dem Werksgelände in der Betriebszeit: 1 Gruppe (9 Einsatzkräfte), in der betriebsfreien Zeit: 1 Trupp (3 Einsatzkräfte),

– Schichtstärke in der Feuermeldestelle: Mindestens 1 Person,

– Gesicherte Alarmierung der Einsatzkräfte: Auf dem Werksgelände und in den Wohnungen.

Betriebsfeuerwehren ohne ständige Einsatzbereitschaft:

- Feuermeldestelle,

- Feuerwehrhaus,

- 1 Tragkraftspritze (TS 8) mit Transportfahrzeug,

- Einsatzkräfte auf dem Werksgelände: 1 Gruppe (9 Einsatzkräfte) in der Betriebszeit, ansonsten: Keine Anwesenheit erforderlich,

- Einsatzkräfte in der Feuermeldestelle: Mindestens 1 Person,

- Gesicherte Alarmierung der Einsatzkräfte: Auf dem Werksgelände.

Auch solche Feuerwehren können von den Feuerversicherungen rabattiert werden, jedoch wesentlich weniger als bei den professionelleren Wehren, die ständig einsatzbereit sind.

Für Flughäfen und den Flugbetrieb ist die Internationale-Zivilluftfahrt-Organisation (ICAO) zuständig. Diese Organisation bestimmt die Richtlinien für die Ausrüstung des Flugzeugbrandschutzes mit Löschfahrzeugen und Geräten, deren personelle Besetzung, die Ausbildung wie auch die Alarmierungskriterien für das Feuerlösch- und Rettungswesen. Nach diesen Richtlinien wird der Flughafen gemäß seiner Einstufung ausgestattet und organisiert.

Die Flughafenfeuerwehr ist nicht nur für den Flugbetrieb und havarierte Flugzeuge zuständig, sondern sie stellt auch den Gebäudebrandschutz mit den umfangreichen baulichen Anlagen, Flugzeughallen, Ankunfts- und Abfluggebäude etc. sicher. Es wirken hier in besonderer Weise vorbeugender und abwehrender Brandschutz zusammen. Bei Flughäfen wird – wie bei anderen speziellen Nutzungen auch – dem vorbeugenden Brandschutz besondere Bedeutung beigemessen.

5.3 Die Ausrüstung der Feuerwehren

Brandschutzgesetze sind als Sicherheitsrecht Ländersache. Diese Gesetze weisen den Feuerwehren bundesweit einheitliche Aufgaben zu. Hierzu gehören Menschenrettung, Brandbekämpfung und Schutz von Sachwerten. Aus dieser Aufzählung wird auch eine Rangfolge erkennbar, demnach hat Menschenrettung die oberste Priorität, der Sachschutz tritt demnach deutlich gegenüber der Menschenrettung zurück. Damit die Feuerwehr ihre Aufgabe erfüllen kann, benötigt sie hierzu Mannschaft und Gerät, z.B. Fahrzeuge. Beides ist geeignet unterzubringen, also braucht die Feuerwehr auch eine darauf ausgelegte Feuerwache bzw. ein Gerätehaus. Die Positionierung dieser Feuerwachen-Standorte muss so ausgelegt sein, dass die Feuerwehr innerhalb einer angemessenen Zeit, meist sind dies 10 Minuten, die sogenannte Hilfsfrist, jeden Punkt ihres Zuständigkeitsbereiches erreichen kann. Probleme wie Glatteis, Schneefall, Staus oder zu viele Brände in einem Einsatzgebiet dürfen die Hilfsfrist verlängern. Bei extremen Anschlägen wie der Zerstörung der beiden World Trade Center 2001 in Manhattan oder bei dem Sprengstoffanschlag auf das Münchner Oktoberfest 1983 wurden Krankenhäuser im Radius von über 100 km mit den Opfern belegt und Hilfspersonal von dort auch angefordert.

Neben diesem zeitlichen Aspekt gibt es auch den personellen und technischen Aspekt, also die Frage, wie die Feuerwehr mit Mannschaft und Gerät ausgestattet werden soll. Die Frage der Ausstattung ist eng mit den Aufgaben verknüpft. Deshalb hat die Arbeitsgemeinschaft der Leiter der Berufsfeuerwehren (AGBF) ein kritisches Ereignis skizziert, an dem sich eine Feuerwehr messen lassen muss. Dieses fiktive Brandereignis beschreibt sich folgendermaßen:

Brandbekämpfung in einem Obergeschoss eines mehrgeschossigen Wohngebäudes, vorgetragen über den Treppenraum und tragbare Leitern bei gleichzeitig durchgeführter Personenrettung – ein ganz „normales" Brandereignis also. Allerdings laufen bei einem derartigen Szenario, bei dem Menschenleben in Gefahr sind, mehrere Arbeitsvorgänge gleichzeitig oder direkt hintereinander ab:

– Erkundung,

– Ausrüstung mit umluftunabhängigem Atemschutz,

– Aufbau der Löschwasserversorgung zum Hydranten,

– Aufbau der Schlauchleitung zwischen Brandstelle und Löschfahrzeug,

– in Stellung bringen der Rettungsgeräte (Leitern),

– Personen retten ggf. mit gleichzeitiger Brandbekämpfung.

Alle dies Maßnahmen erfordern neben der Schnelligkeit vor allem eines: gut ausgebildetes Personal in ausreichender Anzahl und mit geeigneten Fahrzeugen. Die AGBF hat für diesen Fall und das damit verbundene Gefahrenpotenzial folgenden Fahrzeug- und Personalansatz empfohlen: Ein Löschfahrzeug LF 16, ein Tanklöschfahrzeug TLF 16, ein Hubrettungsfahrzeug (Drehleiter DLK 23–12). Personell bedeutet diese Fahrzeugaufstellung ein Potenzial von 16 Feuerwehrmännern. Natürlich kann auch mit einer geringeren Besetzung mit der gleichen Anzahl von Fahr-

zeugen zur Einsatzstelle gefahren werden, allerdings ist dann der einsatz-
taktische Wert des jeweiligen Fahrzeugs ist Frage gestellt.

*Leistungsfähige Einsatzmittel: Hochleistungslüfter um Flure, Treppen-
räume und andere Bereiche umgehend schnell rauchfrei zu bekommen.*

Bei Freiwilligen Feuerwehren weichen diese Zahlen geringfügig nach
unten oder oben ab, dies hängt mit der Verwendung meist kleinerer Fahrzeuge zusammen. Große Freiwillige Feuerwehren verfügen dagegen im
Regelfall über die gleichen Fahrzeugtypen wie Berufsfeuerwehren. Bei
der Berufsfeuerwehr München wird z. B. der gleiche Hilfeleistungs-Lösch-
fahrzeugtyp verwendet. Damit ist ein Fahrzeugtausch möglich und ein
Umlernen nicht nötig.

5.4 Die Zusammenarbeit mit der Feuerwehr

Feuerwehren können bei Personalknappheit ihren präventiven, beratenden Charakter nicht in dem Umfang nachkommen, wie dies sinnvoll wäre. Dann darf man nicht erwarten, dass es bei der zuständigen Feuerwehr Mitarbeiter gibt, die regelmäßig Zeit haben, Unternehmen zu begehen oder ausführlich zu beraten. Vor diesem Hintergrund kommt der Eigenverantwortung des Unternehmers besondere Bedeutung zu. Auch Feuerwehren müssen sich über besondere Risiken im Zuständigkeitsbereich kundig machen. Dem entsprechen die Feuerwehren regelmäßig durch Ortsbegehungen und Zusammenarbeit mit den Betrieben. Auch während und nach einem Brand ist es der gegenseitigen Kommunikation dienlich, wenn man sich zuvor bereits kennen gelernt hat, um über brandschutztechnische Probleme zu sprechen.

Insofern sollte der Brandschutzbeauftragte des Betriebes den Kontakt zur Feuerwehr nicht scheuen, sondern im Gegenteil suchen.

Im Allgemeinen führen die öffentlichen Feuerwehren – teilweise in Zusammenarbeit mit der Bauaufsicht – Brandverhütungsschauen durch. Hierbei wird der Betrieb aus brandschutztechnischer Sicht inspiziert, betriebliche brandschutztechnische Mängel werden behördlicherseits festgestellt und als Mängelpapier dem Betreiber übergeben. Dieser wird dann aufgefordert, für Abhilfe zu sorgen. Auch hierbei ist eine gute Kommunikation mit der Feuerwehr hilfreich, zumal in den Vorschriften, nach denen die Feuerwehr und die Bauaufsicht ihre Kontrollen durchführen, einige unbestimmte Rechtsbegriffe verankert sind. So steht z.B. in mehreren Rechtsquellen: Rettungswege sind freizuhalten. Was bedeutet dies nun? Darf in Rettungswegen gar nichts stehen? Kein Kopierer, kein Metallstuhl ohne Brandlast etc.? Bei dieser absoluten Vorschrift haben die Behörden einen entsprechenden Ermessenspielraum, vor allem wenn das Schutzziel noch auf andere Weise erreicht werden kann, z.B. bei einer Rettung über Fenster, die auf ein Flachdach führen und von dort auf Erdgleiche. Es lohnt also, sich mit der Sinnhaftigkeit der jeweiligen Vorschrift zu beschäftigen und das Schutzziel nicht aus den Augen zu verlieren. Und es ist äußerst sinnvoll, vor einem entsprechenden Brandschaden mit Behördenvertretern darüber zu sprechen. Nach einem Brand ist die Toleranz für vorab nie besprochene Abweichungen verständlicherweise geringer.

6. Brandschutzbeauftragter und Haftungsrisiko

Vielleicht hat sich jeder, der verantwortlich ist in Sicherheitsfragen, schon mal die Frage gestellt: Was passiert eigentlich, wenn im Betrieb ein Schaden eintritt, der in den Verantwortungsbereich des Brandschutzbeauftragten fällt? Diese Frage führt zu grundsätzlichen Überlegungen, wer bei einem Schaden für welches Risiko haftet. Hier ist keine schnelle Antwort möglich, zu vielschichtig sind die einzelnen Möglichkeiten, zu komplex die rechtlichen Zusammenhänge. Auch ergeben sich oft Einzelfallentscheidungen, die nicht beliebig auf einen anders gelagerten Fall übertragen werden können. Um dennoch dem Brandschutzbeauftragten eine Hilfestellung für die Arbeit in der Praxis geben zu können, wurde dieses Kapitel eingeführt.

Die Haftung für Schäden kann sehr vielfältig sein; nachfolgend exemplarisch einige Möglichkeiten:

- Personenschäden,

- Sachschäden,

- Schäden an Kulturgütern,

- Umweltschäden,

- Betriebsunterbrechungsschäden,

- Vermögensschäden.

Um diese beispielhaft aufgezählten Schäden zu verhindern, hat der Gesetzgeber Regelungen erlassen, die auch im Kapitel 2. Rechtliche Grundlagen erläutert wurden (Baugesetze; Bauordnung der Länder mit den Regelungen, Vorbeugen gegen Entstehung und Ausbreitung von Feuer und Rauch, Rettung und wirksame Löscharbeiten ermöglichen etc.). Neben diesen Grundanforderungen können insbesondere für Sonderbauten, also Krankenhäuser, Geschäftshäuser, Hochhäuser etc., besondere zusätzliche Anforderungen festgelegt werden. Meist erfolgt dies detailliert in den Sonderbauverordnungen. Hierbei werden eine Fülle von detaillierten Festlegungen getroffen, z.B. dass ein Brandschutzbeauftragter benannt werden muss, eine Brandschutzordnung aufzustellen ist etc.

Welche Pflichten hat nun konkret der Brandschutzbeauftragte? Grundsätzlich obliegt ihm die Pflicht, neben den allgemeinen Vorschriften aus den Rechtsquellen und Regelwerken die Anforderungen des zugrunde liegenden Brandschutzkonzeptes zu überwachen. Dies setzt voraus, dass der Brandschutzbeauftragte in das Brandschutzkonzept eingewiesen ist und es insofern sehr detailliert kennt. Es ist seine Pflicht, festgestellte Mängel von Vorschriften, Abweichungen vom Brandschutzkonzept dem verantwortlichen Betreiber mitzuteilen. Damit wird er in der Erfüllung seiner Aufgaben zum fachlichen Berater des Betreibers, der sich nicht eine weitreichende Fachkenntnis in Brandschutzbelangen haben muss. Für die Abstellung der Mängel ist der Betreiber verantwortlich. Es kann aber auch in speziellen Vorschriften geregelt sein, dass der Brandschutzbeauftragte befugt und ermächtigt wird, selbst und unmittelbar Abhilfe zu schaffen (z. B. § 22 VerkaufsstättenVO NRW). Hier wird bereits deutlich, dass die Pflichten des Brandschutzbeauftragten nicht so klar geregelt sind in den einzelnen Bundesländern, wie es wünschenswert wäre. Dies hat Auswirkungen auf eventuelle Haftungssituationen und Ansprüche gegen den Brandschutzbeauftragten.

Bereits die Ausbildung des Brandschutzbeauftragten ist nicht gesetzlich geregelt. Mehr noch, es wird keine konkrete Ausbildung verlangt; es genügt die Bestellung durch den Betreiber einer Einrichtung oder des Arbeitgebers. Allerdings kann nur einer Person mit fachlicher Eignung diese Pflicht übertragen werden, sonst kann der Brandschutzbeauftragte seine Aufgaben nicht wirklich pflichtgemäß erfüllen.

Neben den oben bereits genannten Kenntnissen des Brandschutzkonzeptes eines Gebäudes müssen dem Brandschutzbeauftragten die Rechte und Pflichten bekannt sein, damit er fachgerecht Brandrisiken erkennen und dokumentieren kann sowie Mängel abstellen kann. Wird das erforderliche Wissen nicht durch anderweitig erworbene Kenntnisse (Tätigkeit z. B. bei Feuerwehr) mitgebracht, so ist eine spezielle Ausbildung angezeigt. Im Allgemeinen trägt der Arbeitgeber bei einem im Betrieb beschäftigten Brandschutzbeauftragten die Kosten.

Der Betreiber ist für den sicheren Betrieb seiner baulichen Anlage verantwortlich. Unterstützt ihn hierbei ein Brandschutzbeauftragter, so wird im Regelfall diese Aufgabe formlos übertragen. Allerdings empfiehlt es sich für Arbeitgeber und Arbeitnehmer, schriftlich folgende Punkte klarzustellen:

- Zuständigkeitsbereich (bauliche Anlage)

- Genaue Aufgabenbeschreibung

- Zur Verfügung stehende Ressourcen (Geld, Personal, Geräte)

- Grenzen der Haftung

– Eingriffsrechte (Zutritt, Zugang zu Protokollen, unmittelbares Weisungsrecht bei Gefahr im Verzug etc.)

– Teilnahme an Fortbildungen

– Kontrollzyklen, zeitlicher Aufwand

Hieraus ergeben sich abzuleitende Pflichten des Brandschutzbeauftragten, insbesondere, wenn diese schriftlich und klar für beide Seiten festgelegt wurden, z. B. als Erweiterung des Arbeitsvertrages.

Bei Fehlern in Brandschutzfragen haftet zunächst der Betreiber einer baulichen Anlage, weil er für die Sicherheit, hier speziell den Brandschutz, verantwortlich ist. Wenn der Betreiber einen Brandschutzbeauftragten bestellt, hat er damit Aufgaben im Brandschutz delegiert. Folglich kann er bei nachgewiesener Pflichtverletzung des Brandschutzbeauftragten zivilrechtlich und ggf. strafrechtlich eine Mitverantwortung des Brandschutzbeauftragten prüfen und es kommt grundsätzlich eine (Mit-)Haftung des Brandschutzbeauftragten in Betracht.

6.1 Zivilrechtliche Haftung

Erfüllt der Brandschutzbeauftragte seine vertraglichen Pflichten aus dem Arbeits- oder Bestellungsvertrag schlecht, kann der Betreiber einer baulichen Anlage den Brandschutzbeauftragten dann in Regress nehmen, wenn dieser fahrlässig oder gar mit Vorsatz gehandelt hat. Im Bürgerlichen Gesetzbuch (BGB) ist in § 276 festgelegt, wann fahrlässiges Handeln vorliegt: „Fahrlässig handelt, wer die im Verkehr erforderliche Sorgfalt außer Acht lässt". Andere Rechtsquellen und die oberste Rechtssprechung hat hier noch zur Abgrenzung des Vorsatzes eine weitere Differenzierung vorgenommen, die nachfolgend möglichst umgangssprachlich erklärt werden sollen:

– Fahrlässigkeit bedeutet, dass man sich geirrt oder vertan hat.

– „Mittlere" Fahrlässigkeit bedeutet, dass die fehlende Sorgfalt beim Arbeiten in hohem Maß verletzt wurde. Geltende und bekannte Regeln der Sicherheit wurden missachtet.

– Grobe Fahrlässigkeit bedeutet, dass fehlendes sorgfältiges Arbeiten im hohen Maß verletzt, geltende und bekannte Regeln der Sicherheit missachtet wurden.

– Vorsatz bedeutet, dass man den Eintritt des Schadens erkennt und/oder das Schadensausmaß, bewusst so hinnimmt.

Was bedeutet diese Unterteilung für die Arbeit als Brandschutzbeauftragter? Zunächst ist der Brandschutzbeauftragte geschützt durch eine Haftungserleichterung (§ 619 a BGB), weil er eine hohe Verantwortung übernimmt; man spricht auch von „gefahrengeneigter Tätigkeit", wir kennen diese Art der Haftungserleichterung von einem LKW-Fahrer, der Verantwortung für das große Fahrzeug, eine wertvolle Fracht und das gefahrvolle Fahren übernimmt. Auch hier stehen Bezahlung für die Tätigkeit und Verantwortung nicht in einem angemessenen Verhältnis zueinander. Bei der Übernahme der Haftung im Rahmen eines Schadens kommt es in diesem Arbeitgeber-/Arbeitnehmerverhältnis auf den Grad des Verschuldens an. Hierbei wird deutlich, dass es dabei keine Musterlösung und keine hundertprozentigen Haftungsfreistellung des Brandschutzbeauftragten geben kann. Es sei denn, dass alle Pflichten einwandfrei erfüllt wurden und dem Brandschutzbeauftragten kein Verschulden nachgewiesen werden kann. Dieses Verschuldensprinzip findet sich für die Haftung auch in § 823 BGB wieder. In der Praxis führt die Regulierung von Ansprüchen aus diesem Paragrafen häufig zu rechtlichen Auseinandersetzungen, die über die Zivilgerichte geklärt werden müssen.

6.2 Strafrechtliche Haftung

Insbesondere beim bewussten Hinnehmen von brandgefährlichen Zuständen kann der Brandschutzbeauftragte als Fachmann wegen „Unterlassens" zur Verantwortung herangezogen werden; dies tritt umso mehr ein, wenn ein Personenschaden oder gar der Tod eines Menschen dadurch verursacht wird. Aus der laufenden Rechtssprechung hat der Brandschutzbeauftragte als „Garant" (i. S. von Fachmann für den Erfolg der Brandsicherheit) die Pflicht zur Gefahrenabwehr, natürlich wieder über den Betreiber einer baulichen Anlage. Es muss somit dem Brandschutzbeauftragten diese Gefahrenabwehr möglich und zumutbar sein. Es sind dies unbestimmte Rechtsbegriffe, die bei einem konkreten Schadenfall von den Gerichten ausgelegt werden. Zusammenfassend können für einen Brandschutzbeauftragten folgende Straftatbestände bei Vernachlässigung der Pflicht zur Gefahrenabwehr problematisch werden:

– Fahrlässige Tötung (§ 222 StGB)

– Fahrlässige Körperverletzung (§ 229 StGB)

– Fahrlässige Brandstiftung (§ 306 d StGB)

– Baugefährdung (§ 319 StGB)

6.3 Tipps zur Vorbeugung gegen Haftungsrisiken für den Brandschutzbeauftragten

- Klare Rechte und Pflichten für den Brandschutzbeauftragten im Arbeits- oder Bestellungsvertrag,

- genaue Kenntnisse des Brandschutzkonzeptes im Zuständigkeitsbereich,

- regelmäßige Überprüfung der Rettungswege,

- Überwachung der Wartung von anlagentechnischen Brandschutzmaßnahmen (z. B. Löschanlagen oder Brandmeldeanlagen),

- nachprüfbare Dokumentation der Tätigkeiten und Kontrollen (z. B. in Brandschutzakte) einschließlich mitgeteilter Mängel und Erledigungsvermerke,

- Wichtige Arbeiten, Vorgänge mit Arbeitgeber, Vorgesetzten, Behörden etc. schriftlich dokumentieren, ggf. gegen Unterschrift bestätigen lassen,

- Aktualisierung wichtiger Unterlagen (Fortschreibung Brandschutzkonzept, Feuerwehrpläne etc.),

- Nachweis über Fortbildungen dokumentieren.

Literatur

Bayerische Bauordnung (BayBO) und ergänzende Bestimmungen: Textausgabe mit Verweisungen und Sachverzeichnis, 39. Auflage, München, 2008.

Friedl, Wolfgang: Grundlagen des Brandschutzes, Aachen 2008.

Friedl/Kaupa, Arbeits-, Gesundheits- und Brandschutz, Heidelberg 2004.

Friedl/Scelsi, Gebäuderäumungen, Stuttgart 2004.

Fritsch, Wolfgang: Rechtsaspekte und Haftungsfragen im Sicherheitsgewerbe, s+s report, VdS-Magazin Schadenverhütung und Sicherheitstechnik, herausgegeben von VdS Schadenverhütung, Nr. 3/Juni 2007, Köln.

Hamilton, Walter/Kortt, Ulrich/ Schmid, Rolf/ Schröder, Herrman: Handbuch für den Feuerwehrmann, 20. Auflage, Stuttgart, 2004.

Häger, Axel: Baukunde, 2. Auflage, Stuttgart 2005.

Herbert, Thomas: Haftungsgefahren des Brandschutzbeauftragten und wie man sich schützen kann, s+s report, VdS-Magazin Schadenverhütung und Sicherheitstechnik, herausgegeben von VdS Schadenverhütung, Nr. 3/Juni 2008 und 4/August 2008 Köln, 2008

Klingsohr, Kurt u. a.: Vorbeugender Baulicher Brandschutz, 7. Auflage, Stuttgart, 2005.

Kraft, Markus: Betrieblicher Brandschutz, 1. Auflage, Köln, 2007.

Menge, Petra: Haftungssituation und Verantwortlichkeiten im Brandfall, s+s report, VdS-Magazin Schadenverhütung und Sicherheitstechnik, herausgegeben von VdS Schadenverhütung, Nr. 5/Juni 2007, Köln.

Prendke, Wolf-Dieter/Herrmann Schröder: Lexikon der Feuerwehr, 3. Auflage, Stuttgart, 2005.

Quenzel, Karl-Heinz: Einrichtungen zur Rauch- und Wärmefreihaltung, 3. Auflage, Berlin, 2006.

Rodewald, Gisbert: Brandlehre, 6. Auflage, Stuttgart, 2006, und Feuerlöschmittel, 7. Auflage, Stuttgart, 2005.

Wandtafel: Vorbeugender Brandschutz – Maßnahmen, die Ihr Leben retten!, Ecomed-Verlag, Landsberg/Lech, 2008.